ネットワーク科学の
道具箱 II

Pythonと
複雑ネットワーク分析

関係性データからのアプローチ

林 幸雄［編著］

谷澤俊弘
鬼頭朋見［共著］
岡本　洋

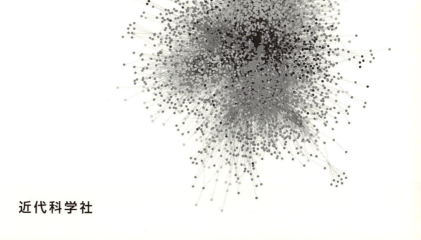

近代科学社

◆ 読者の皆さまへ ◆

　平素より，小社の出版物をご愛読くださいまして，まことに有り難うございます.

　㈱近代科学社は 1959 年の創立以来，微力ながら出版の立場から科学・工学の発展に寄与すべく尽力してきております．それも，ひとえに皆さまの温かいご支援があってのものと存じ，ここに衷心より御礼申し上げます.

　なお，小社では，全出版物に対して HCD（人間中心設計）のコンセプトに基づき，そのユーザビリティを追求しております．本書を通じまして何かお気づきの事柄がございましたら，ぜひ以下の「お問合せ先」までご一報くださいますよう，お願いいたします.

　お問合せ先：reader@kindaikagaku.co.jp

　なお，本書の制作には，以下が各プロセスに関与いたしました：

- 企画：小山　透
- 編集：小山　透，高山哲司，伊藤雅英
- 組版：藤原印刷 (LaTeX)
- 印刷：藤原印刷
- 製本：藤原印刷 (PUR)
- 資材管理：藤原印刷
- カバー・表紙デザイン：藤原印刷
- 広報宣伝・営業：山口幸治，東條風太

- 本書に掲載されている会社名・製品等は，一般に各社の登録商標です．本文中の©，®，™ 等の表示は省略しています.

- 本書の複製権・翻訳権・譲渡権は株式会社近代科学社が保有します.
- **JCOPY** 〈（社）出版者著作権管理機構 委託出版物〉
  本書の無断複写は著作権法上での例外を除き禁じられています．複写される場合は，そのつど事前に（社）出版者著作権管理機構 (https://www.jcopy.or.jp，e-mail: info@jcopy.or.jp) の許諾を得てください.

まえがき

　ネット社会となった現代，人々の購買，移動，検索，（オススメや評判などを伝える）コミュニケーション等の日々の行動が，経済活動に大きな影響を与えるにつれ，データ分析や人工知能 (AI: Artificial Intelligence) に期待と関心が高まっている．

　一方，誰が，いつ，どこで，何を，どうしたかに関するさまざまな行動データは，人や企業，時間，場所，商品などをノードとして，それらノード間の共起関係をリンクでつなげば，ネットワークとして表現できる．例えば，『30 代の A さんが仕事帰りに○○駅近くの xx スーパーでビールと紙おむつを買った』というケースでは，30 代，夕刻以降，○○駅，xx スーパー，ビール，紙おむつ，がそれぞれリンクで結ばれる．この様な頻度の高い典型的な行動を多数集めたネットワーク型のデータを，関係性データと本書では呼ぶ．A さんと似た行動をする購買層客が多ければ，駅近くの小売店は夕刻頃にビールと紙おむつを近くに配置することで売上向上が期待でき，データ分析が利益につながるという訳である．他にも，サプライチェーンや組織の中心的存在や SNS 上で拡散力のあるユーザを見つけ出せれば，それらに絞った効果的な業務提携や口コミの宣伝が行える．

　ところで，本書はシリーズとしての『ネットワーク科学の道具箱』（近代科学社，2007）の続編でもあるが，いわゆる（複雑）ネットワーク科学に関する研究分野の十年ほどの進展に伴う新たな内容を中心に再編成して紹介した．紙面の都合などもあり本書でカバー出来なかった既存の繰り返し部分は，上記及び参考文献を参照されたい．また本書では，上述のように，幅広い分野を越えて近年注目されているデータ分析との密接な関わりを強く意識した．特に，通常の AI 学習等の分析手法で扱う「属性データ」ではなく，「ネットワーク型の関係性データ」に焦点を当てた．したがって，異常検知や（音声 or 画像による）人物などの判定における，特徴的な属性の有無に従う予測や強い因果の推論を主とする（ベクトル型の）データ分析は本書の対象外であるが，教師信号を付けられないような，偶然出くわす，あるいは緩い関わりに潜む（因果が分からない現実のほとんど全ての広い意味での社会データ [1] に対応する）関係性データの分析に役立つ，Python のツール，可視化，連鎖

---

[1] 例えば，「音楽 CD が売れるとサバの漁獲量が増える？　相関関係の不思議な話」
https://about.yahoo.co.jp/info/bigdata/special/2017/02/

的影響や役割分担の分析，購買層等のクラスタ分類：コミュニティ抽出，拡散の要の抽出や連結性の強化などを扱う．すなわち，企業間の取引，購買行動，口コミ情報の拡散など，人々のさまざまな活動履歴が関係性データとして表現できるとともに，本書に述べる分析手法は，それらのデータに共通して使えて，AI 技術と同様に汎用性が高く適用範囲の裾野が広い．汎用で実際に役立つのみならず，理論的にも重要かつ今後の発展が期待できる基盤的内容を整理した．そこで，本書の読者としては，理工系の学生や研究者にとどまらず，SNS や購買履歴などのデータ分析に携わるエンジニアや実務家も想定した．ただし，より詳細にどう活用するかについては企業秘密になり得るため，本書は事例集としていない．また，各章は独立して読めるが互い参照できるよう配慮し，最前線の内容を含めつつ，分かりやすい説明となるよう努めた．いわゆるデータサイエンティストの多くは Web 系企業に属するが，こうした企業が扱う課題に対して属性データに基づく AI 技術だけでは太刀打ちできない一方で，関係性データを表すネットワークに関する科学技術は別物としてこれまで軽視されてきた感が歪めず，本書が少なからずこれを打破して広く活用されることを願う．

　本書をまとめるにあたっては，多忙にもかかわらず執筆を快く引き受けて下さった関係各位に感謝するとともに，本書の完成にご尽力下さった近代科学社の小山透取締役をはじめとした皆様に心よりお礼申し上げたい．

　　2019 年 9 月　　　　　　　　　　　　　　　　　　　　　林　幸雄

[執筆者]

1 章 Python を用いた複雑ネットワーク分析
　　谷澤俊弘（高知工業高等専門学校）

2 章 ネットワーク分析指標の経済系への応用
　　鬼頭朋見（早稲田大学）

3 章 ランダムウォーク：コミュニティ抽出のキーツール
　　岡本洋（東京大学）

[編著者]

まえがき，4 章 インフルエンサーの抽出や最適な攻撃耐性に関する進展
　　林幸雄（北陸先端科学技術大学院大学）

目　次

まえがき　　　　　　　　　　　　　　　　　　　　　　　　　iii

第 1 章　Python を用いた複雑ネットワーク分析　　　　　　　1

1.1　はじめに 2

1.2　Python および外部モジュールのインストール 3

1.3　Jupyter ノートブック 4

1.4　基本ツール 6

　　1.4.1　NumPy 6

　　1.4.2　SciPy 9

　　1.4.3　Matplotlib 10

1.5　統計解析ツール 12

　　1.5.1　pandas 13

　　1.5.2　StatsModels 17

1.6　よく知られたネットワーク分析ツール：NetworkX 22

1.7　最新でより強力な分析ツール：graph-tool 26

　　1.7.1　インストール 27

　　1.7.2　基本処理 29

　　1.7.3　Watts-Strogatz モデル 33

　　1.7.4　スケールフリーネットワークの持つアキレスの踵 . . . 37

　　1.7.5　次数相関を持つネットワークの頑強性 42

　　1.7.6　SIR モデル 47

1.8　計算の高速化 51

　　1.8.1　実行時間計測ツール 51

　　1.8.2　Cython 54

　　1.8.3　Numba 57

1.9　おわりに 59

　コラム 1：より詳しく学ぶための参考図書 60

vi 目 次

第2章 ネットワーク分析指標の経済系への応用　61

2.1 はじめに 62
　　2.1.1 ネットワーク科学の3つのアプローチ 62
　　2.1.2 ネットワーク科学と社会科学 63
　　2.1.3 本章の構成 63
2.2 経済システムのシステミック・リスクに関するネットワーク研究 . 64
　　2.2.1 システミック・リスク 64
　　2.2.2 社会的情報カスケードモデルの応用 65
　　2.2.3 DebtRank 66
2.3 国の経済発展に関するネットワーク研究 70
　　2.3.1 国家経済の複雑性に関する課題 70
　　2.3.2 Nestedness（入れ子性） 71
　　2.3.3 国の産業の多様度と，製品の遍在度 73
　　2.3.4 経済の複雑性を測る指標 74
　　2.3.5 Relatedness 77
2.4 企業間サプライチェーンに関するネットワーク研究 . . . 81
　　2.4.1 サプライチェーン構造に関する課題 81
　　2.4.2 サプライヤの依存度と重要度 82
　　2.4.3 サプライネットワークと Nestedness, Relatedness . . . 84
2.5 道具箱としての2章のまとめ 87
コラム2：ネットワークのオープンデータと可視化ツール . . . 88
参考文献 89

第3章 ランダムウォーク：コミュニティ抽出のキーツール 93

3.1 はじめに 94
3.2 ネットワーク上のランダムウォーク 95
　　3.2.1 用語と記法 95
　　3.2.2 ネットワークにおけるランダムウォークのダイナミクス . . 96
3.3 代表的なコミュニティ抽出：ランダムウォークの枠組みによる定式化 115
　　3.3.1 コミュニティ 115
　　3.3.2 ランダムウォークの滞留としてのコミュニティ 116
　　3.3.3 モジュラリティ最大化 117

目 次 | vii

　　　3.3.4　インフォマップ ．．．．．．．．．．．．．．．．．．．．．．　120
　3.4　コミュニティ抽出機能の拡張 ．．．．．．．．．．．．．．．．．．　122
　　　3.4.1　マルコフ連鎖のモジュール分解 ．．．．．．．．．．．．．．　122
　　　3.4.2　遍在的コミュニティ ．．．．．．．．．．．．．．．．．．．．　130
　　　3.4.3　MDMC によるコミュニティ抽出 ．．．．．．．．．．．．．　131
　3.5　今後の展望．．．．．．．．．．．．．．．．．．．．．．．．．．．．　134
　　　3.5.1　コミュニティ抽出の課題 ．．．．．．．．．．．．．．．．．．　134
　　　3.5.2　フロンティアとしてのネットワーク型データ分析 ．．．．．　136
　3.6　道具箱としての 3 章のまとめ ．．．．．．．．．．．．．．．．．．　137
　コラム 3：リッチクラブ–金持ち同士は偶然以上につながっているか？– ．　138
　参考文献 ．．．．．．．．．．．．．．．．．．．．．．．．．．．．．．．　139

第 4 章　インフルエンサーの抽出や最適な攻撃耐性に関する進展　143

　4.1　SNS などにおける口コミの影響力をビジネスに ．．．．．．．．　144
　4.2　口コミの影響力を表す指標 ．．．．．．．．．．．．．．．．．．．　145
　　　4.2.1　Collective Influence の基本的考え方 ．．．．．．．．．．　145
　　　4.2.2　l ホップ先の恣意性がない CI propagation ．．．．．．．　149
　　　4.2.3　多数決の情報伝搬 LT モデルに対する拡張 ．．．．．．．．　150
　　　4.2.4　Google の PageRank 中心性との類似 ．．．．．．．．．．　152
　4.3　攻撃耐性の最適強化は本質的に難しい ．．．．．．．．．．．．．　153
　4.4　機械学習的な高速近似解法 ．．．．．．．．．．．．．．．．．．．　154
　4.5　攻撃に最も強い玉葱状構造の創発 ．．．．．．．．．．．．．．．　157
　　　4.5.1　正の次数相関を持つ玉葱状構造 ．．．．．．．．．．．．．．　157
　　　4.5.2　仲介に基づく玉葱状構造の自己組織化 ．．．．．．．．．．．　158
　　　4.5.3　数値例 —頑健性とレジリエンスについて— ．．．．．．．　161
　　　4.5.4　次数分布の数値的推定法 —BA モデルにおける解析の拡張—　167
　4.6　道具箱としての 4 章のまとめ ．．．．．．．．．．．．．．．．．．　171
　コラム 4：Google の PagaRank の技術面での先進性 ．．．．．．．．．　172
　参考文献 ．．．．．．．．．．．．．．．．．．．．．．．．．．．．．．．　173

索 引　　177

第1章

Pythonを用いた複雑ネットワーク分析

　ネットワーク科学は，複雑なシステムをその構成要素である頂点[1]（ノード，バーテックス）と，それらの間の関係性を表わす線[2]（リンク，エッジ）に抽象化し，そのネットワーク上における物，人，情報の流れなどの物理現象を数理的に記述し考察していく分野である．そこで扱われるネットワークは，インターネット，Twitterや Facebook などのソーシャルネットワーク，電力網，脳神経回路網，細胞内のタンパク質反応ネットワーク，都市交通網，感染症伝搬ネットワークなど，非常に多岐にわたり，また，ノード数も数万から数百万以上となることも珍しくない．したがって，その分析には，コンピュータによる数値計算や統計処理が必須となる．そこで用いられるソフトウェアにも様々なものがあるが，その中でも Python は，科学技術計算，統計処理，グラフ化など，ネットワーク科学に最適化された各種モジュールを備え，さらに，近年発展の著しい機械学習との連携も容易であることから，近年，ますます多く使われるようになっている．本章では，このプログラミング言語 Python を用いた複雑ネットワーク分析を具体的な例を用いながら詳説する．なお，Python にある程度は詳しい読者は，その基礎的な部分の説明を読み飛ばして，ネットワーク分析に直接関わる 1.6 節から読んでもよい．

---

[1] 本節では「ノード」と呼ぶ.
[2] 本節では「リンク」と呼ぶ.

1.1　はじめに

TIOBE Programming Community Index[3] は，さまざまなプログラミング言語を，その複数の検索サイトでの検索頻度に基づいて順位づけしたものである．これを見ると，2018 年 12 月 20 日の時点で，Python のランキングは，Java，C 言語に続き，第 3 位となっている．Python は汎用のスクリプト言語で，コンパイルを必要としないため，コーディング→テストラン→デバッグという開発サイクルに要する時間が短くてすむ，型宣言をすることなく変数が定義でき，リストや辞書などの使い勝手のよいデータ構造が始めから組込まれている，さまざまなアルゴリズムを簡潔に書くことができ，ソースコードの可読性も高いことから，保守が容易である，等の理由から，近年，非常に人気が高い．TIOBE Index は，特に科学技術計算に特化したものではないが，一般的なソフトウェアエンジニアの間でも，Python が現在非常に注目を集めているプログラミング言語であることがわかる．

科学技術計算の観点から見た Python の利点は，豊富な外部モジュールである．Python は外部モジュールを読み込むことにより既存の組込み機能を大幅に拡張することができ，すでに多くのユーザによって膨大な数のモジュールが開発されている．その中でも，科学技術計算で非常に重要な，ベクトルや行列計算，離散フーリエ変換，乱数発生，各種確率分布に基づくサンプリングなどの高速ルーチンを備えた NumPy，それを拡張し，各種物理定数や特殊関数計算，強化された離散フーリエ変換，微分方程式の数値解法，数値積分，補間，数値最適化，非線形方程式の数値解法，疎行列を含む線形演算，統計処理などの高速ルーチンを備えた SciPy，高品質な図版を作成することができる Matplotlib 等は，Python による数値計算において，すでに基本的かつ必須なものとなっている．また，この基本外部モジュールの上に，さらにさまざまな機能を付加したモジュールも次々と開発されている．

ネットワーク科学における数値シミュレーションでは，ネットワーク作成，ノードやリンクの付加あるいは除去，ネットワーク内の連結成分の探索，その他のさまざまなルーチンが必要となってくる．その機能を提供する外部モジュールが NetworkX や graph-tool である．これらのモジュールはネットワーク科学に関する研究を進める上で非常に強力だが，その使用法について詳述した日本語の文書は多くはない．

また，巨大なネットワークの構造や，その上での動的現象を解析する場合，SciPy で提供される統計処理ルーチンのみでは不十分となってくる．それを補うものが，pandas や StatsModels などの統計処理に特化した外部モジュールである．

Python はインタープリタ型の動的型付言語であり，開発効率は非常に高いが，

---

[3] https://www.tiobe.com/tiobe-index/

Fortran や C などの言語と比較して実際の計算速度が遅いという欠点がある．その
ため，Python は，実際のところは，大規模な数値計算を要する研究には使えない
という意見も多い．しかし，現在では，Python のソースコードに型情報を追加す
ることで，ルーチンを C に変換してコンパイルしてくれる Cython や，実行時コ
ンパイル (JIT, Just-in-time compilation) を行う Numba などの外部モジュール
を用いることにより，開発効率の高さという利点を失うことなく実行速度を劇的に
改善することも可能になっている．

以降では，これらのモジュールをネットワーク分析にどのように使っていくかに
ついて，順を追って具体的に述べていくことにしよう．

1.2 Python および外部モジュールのインストール

現在，Python には大別して，バージョン 2 系列 (Python2) とバージョン 3 系列
(Python3) が併存しており，そもそもどのバージョンを使用するか，という問題が
ある．この二つのバージョンについては，大部分互換であるが，文字列，いくつか
の関数のふるまい，例外処理などに互換性がなく，Python2 から Python3 への移
行のためには，future モジュールや，2to3 スクリプトなどを用いなければならな
い．Python2 については，2020 年 1 月 1 日をもってメインテナンスが終了するこ
とが公式 GitHub[4] 上でアナウンスされており，開発の主力は Python3 に移ろう
としている．しかし，既存のモジュールがすべて Python3 に移行しているわけで
はなく，稼働中のシステムの安定運用のために，Python2 は依然として一定の需要
数を持っている．本章で紹介するモジュールはすべて Python3 に対応しているの
で，バージョン選択については，Python2 の既存資産の活用を考慮する必要がな
ければ，今後のことも考え Python3 を選択する方向で問題ない．Python の持つ
このようなバージョン併存問題やモジュール間の相互依存問題を解決するために，
virtualenv や pyenv などのツールを用いて，異なるバージョンをそれぞれ隔離さ
れた環境にインストールし，それを切り替えて用いることもよく行われる．これら
のツールの使用法については，別途，Web 上の解説文書や専門書籍を参照してほし
い．本章では，Python3 を用いて解説していく．

まずは，基本となる Python 環境を構築しなければならない．Unix/Linux ある
いは Mac にはあらかじめ Python 環境がインストールされていることが多いが，そ
の環境はまだまだ Python2 であることが多く，Python3 の実行環境を整えるため

---

[4] https://github.com/python

には，新規インストールが必要になる．Python の公式サイト [5] には，Windows,
Unix/Linux, MacOS 等，各 OS 用のインストーラがあるのでそれを使えばよい．
ただし，インストールのためには，C コンパイラを始めとする基本開発ツールを事前
にインストールしておかなければならない場合もあるので注意しよう．公式インス
トーラを用いて基本環境が構築できれば，本章で解説するモジュールは graph-tool
を除いて，基本ツール pip を用いて PyPI (the Python Package Index) と呼ばれ
るインターネット上のリポジトリからインストールできる．

また，現在では各種 OS 向けに Python 等も含むさまざまなツールのインストー
ルやアップデートを一括して行えるパッケージマネージャが開発されている [6]．特
に Python 環境に関しては，科学技術計算に必要なさまざまな外部モジュールをほ
ぼ網羅したオールインワンの Python パッケージとして，Continuum 社の提供する
Anaconda も人気が高い [7]．Anaconda を用いれば，本章で解説する外部モジュー
ルのうち graph-tool を除く全てのモジュールがインストールされる上に，これら
のすべてのモジュールのアップデートも conda と呼ばれる基本コマンドひとつで行
えるなど，非常に便利である．Python 環境の構築そのものに悩まされたくない場
合には，これらのパッケージマネージャを用いることを強くお勧めする．

1.3　Jupyter ノートブック

Python はインタープリタ型言語であり，図 1.1 のように，各 OS 上のターミナ
ル環境から，各コマンドを入力し，その結果を確認しながら，対話的に計算を進め
ていくことができる．

図 1.1　コマンドラインターミナルによる Python の実行

---

[5] https://www.python.org/

[6] Unix/Linux では apt や yum, MacOS では MacPorts や Homebrew などがある．

[7] https://www.anaconda.com/

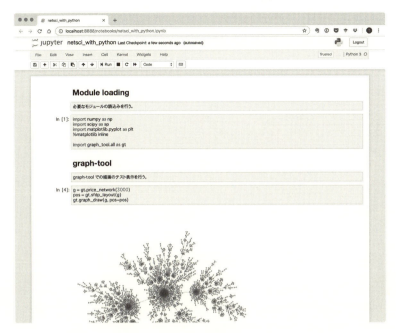

図 1.2　Jupyter ノートブック環境による Python の実行

しかし，Python を用いた研究・開発が進んでくると，ソースコードやそれに付随する文書，出力されたデータやグラフィックス等が増え，その管理が大変になってくる．そこで，最近では，これらの文書，データ，グラフィックス等をウェブブラウザで閲覧できる一つの文書にまとめた「ノートブック」として一元管理し，研究・開発を進めていくことが可能な Jupyter と呼ばれるフレームワークが用いられることが多くなっている[8]．

Jupyter ノートブックでは，図 1.2 のように，入力された各 Python コマンドはセルと呼ばれるボックス内に配置され，その入力セルの下に結果が出力されることで，より視覚的に研究を進めていくことができる．また，見出しや通常のテキストも入力することができ，Python コマンドの入出力セルも含め，マウスでカーソルを移動させたり，通常のコピーやペーストも可能で，コマンドの修正や再実行も容易である．数式も LaTeX 形式で記述できるので，数値計算の背景となる理論やアルゴリズム等も併記し，計算過程やその結果を一つの完結した文書にまとめ，さらにそれを PDF ファイルに出力することもできる[9]．

---

[8] https://jupyter.org/
[9] ただし，このためには pandoc と呼ばれる文書フォーマット変換ツールが別途インストールされている必要がある．

第1章 Pythonを用いた複雑ネットワーク分析

Jupyter は当初は IPython と呼ばれる Python の対話型開発環境から発展したものであるが，現在では，Python の他，Julia や R 等の言語にも対応している．また，さらにその機能を強化した JupyterLab もリリースされ，注目を集めている．Jupyter のインストールについては，公式ホームページでは pip コマンドによるインストール方法が紹介されている．また，Anaconda では初めから Jupyter 環境がインストールされる．

本章では，これ以降紹介していく Python の実行結果は，すべて Jupyter によるものである．

1.4 基本ツール

Python による科学技術計算の基本は，何よりもまず，NumPy および SciPy モジュールを積極的に利用することである．また，計算結果をグラフ化するための Matplotlib も，もはや必須のモジュールと言ってよいだろう．ここでは，ネットワーク科学に限らず，Python による科学技術計算の基礎となるこれらのモジュールを簡単に紹介し，その使い方を述べる．

まず，これらのモジュールをインポートしよう．

```
import numpy as np
import scipy as sp

import matplotlib.pyplot as plt
%matplotlib inline
```

最後のコマンドは，Jupyter ノートブックを使う際，Matplotlib のグラフィックスを同じノートブック内の出力セルに出力するためのものである．

1.4.1 NumPy

科学技術計算ではベクトルや行列の演算をどれだけ高速に行うことができるかが鍵である．Python には複数のオブジェクトをまとめて扱うことのできる集合型オブジェクトとして「リスト」があり，これを用いてベクトルや行列を作ることはできる．例として，1000 個の成分を持ち，そのすべてが 1 であるベクトルをリストを使って次のように作ってみる．（ここで，vec.append() はリストオブジェクトの最後に引数の要素を追加するメンバ関数である）．

```
dim = 1000

vec = []
for i in range(dim):
    vec.append(1)
    できあがったベクトル vec の成分数は確かに 1000 である.
len(vec)
1000
```

また，1000×1000 の成分を持ち，そのすべてが 2 である行列を，同様にして次のように作る.

```
mat = []
for i in range(dim):
    row = []
    for j in range(dim):
        row.append(2)
    mat.append(row)
```

そして，この行列とベクトルの積を計算する Python 関数を次のように定義する. なお，ここで+=は加算代入演算子である.

```
def mat_vec_product_python(mat, vec):
    row = len(mat)
    col = len(vec)

    res = []
    for i in range(row):
        tmp_res_comp = 0
        for j in range(col):
            tmp_res_comp += mat[i][j] * vec[j]
        res.append(tmp_res_comp)

    return res
```

8 第 1 章 Python を用いた複雑ネットワーク分析

しかし，Python は動的型付を行うインタープリタ型言語であり，変数にどのようなデータ型が格納されているかを実行時に確認しながら for ループの計算を行うため，C 等の静的型付かつコンパイル型言語で実装した場合に比べて，実行に際して大変に時間がかかる．Jupyter でセル内のコマンド実行にかかる時間を計測する timeit を用いて，この 1000 × 1000 行列と 1000 個の成分を持つベクトルのかけ算に要する時間を測ってみよう．

```
%%timeit
mat_vec_product_python(mat, vec)
94.1 ms ± 154 μs per loop (mean ± std. dev. of 7 runs, 10 loops
each)
```

この結果から，かけ算に要する時間は 94 ミリ秒であることがわかる．

同様の計算を NumPy で行ってみよう．NumPy モジュールでは，数値型データの配列として ndarray と呼ばれるクラスが定義されている．NumPy モジュールでさきほどと同様に，1000 個の 1 から成るベクトルを生成する．

```
vec_np = np.full( dim, 1 )
```

同様に 1000 行 1000 列ですべての成分が 2 である行列を生成する．

```
mat_np = np.full( (dim, dim), 2 )
```

この行列とベクトルの積を NumPy で行う時間を測ってみよう（成分数が多いため，結果の出力は抑制する）．

```
%%timeit
mat_np @ vec_np;
477 μs ± 18 μs per loop (mean ± std. dev. of 7 runs, 1000 loops
each)
```

計算に要した時間は 477 マイクロ秒であるから，さきほどの Python の組込み機能のみを用いた関数で要した 94 ミリ秒と比べると，NumPy を用いた計算の方が約 200 倍高速である．これは，ndarray クラスは Python の汎用クラスであるリストとは異なり，同一の数値型のみを含み，メモリ上の連続領域を占める固定長のクラス

であり，C における配列と同程度に高速な読み書きが可能であることに加え，さらに
モジュール内の関数は，Python による実装ではなく，内部的にはすべて C で実装
されていることが原因である．したがって，数値計算の際には可能な限り NumPy
で準備されたルーチンを用いることが Python による科学技術計算の鉄則である．

1.4.2 SciPy

SciPy は NumPy を基礎として，さらにその上に，特殊関数，数値積分，微分方
程式，数値最適化，フーリエ変換，信号処理，高度線形代数演算，統計処理等の数
値計算に必要な関数が整備され，科学技術計算に必要な基本ルーチンはほぼ網羅さ
れている．

ここでは，SciPy 公式サイトのチュートリアル [10] を参考に数値積分ルーチンを
紹介しよう．以下で必要なモジュールをインポートする．

```
import scipy.integrate as integrate
import scipy.special as special
```

第一種ベッセル関数 $J_{2.5}(z)$ に関する定積分

$$\int_0^{4.5} J_{2.5}(x)\mathrm{d}x \tag{1.1}$$

は，適応 Gauss-Kronrod 積分法による汎用の SciPy の積分ルーチン quad を使っ
て以下のように求めることができる．

```
result = integrate.quad( lambda x:special.jv(2.5,x), 0, 4.5 )
result

(1.1178179380783253, 7.866317216380692e-09)
```

この第 1 成分が積分値である．

実はこの定積分は解析的に求めることができ，その正確な値は

$$I = \sqrt{\frac{2}{\pi}} \left(\frac{18}{27}\sqrt{2}\cos(4.5) - \frac{4}{27}\sqrt{2}\sin(4.5) + \sqrt{2\pi}\mathrm{Si}\left(\frac{3}{\sqrt{\pi}}\right) \right) \tag{1.2}$$

となる．ここで

$$\mathrm{Si}(x) = \int_0^x \sin\left(\frac{\pi}{2}t^2\right)\mathrm{d}t \tag{1.3}$$

---

[10] https://docs.scipy.org/doc/scipy/reference/tutorial/integrate.html

10   第 1 章   Python を用いた複雑ネットワーク分析

はフレネルの sin 積分である．Python を用いて，この値を計算する．

```
I = np.sqrt(2/np.pi) * (18.0/27*np.sqrt(2)*np.cos(4.5) -
                        4.0/27*np.sqrt(2)*np.sin(4.5) +
                        np.sqrt(2*np.pi) *
                         special.fresnel(3/np.sqrt(np.pi))[0])
I

1.117817938088701
```

さきほどの数値積分の結果とこの解析解の差を求める．

```
np.abs( result[0] - I )
1.0375700298936863e-11
```

このように，SciPy による数値積分の精度は非常に高い．本章では，これ以上の
SciPy の紹介はしないが，SciPy は本章で紹介する以降すべてのモジュールの内部
でインポートされており，Python が現在備えている膨大な数値計算モジュールの
基礎となっている．

1.4.3 Matplotlib

Matplotlib は数値計算の結果をグラフ化するモジュールである．そのままで出版
可能な高品質の図版作成も可能で，公式サイト[11]には，Matplotlib の持つ豊富な
機能についての詳細な文書がある．

Matplotlib による計算結果のプロット例を紹介しよう．まず，NumPy 中の
linspace 関数により，0.0 から 5.0 まで等間隔に 50 点を取った ndarray 配列 x1
と，0.0 から 2.0 まで等間隔に 50 点を取った ndarray 配列 x2 を生成する[12]．

```
x1 = np.linspace(0.0, 5.0)
x2 = np.linspace(0.0, 2.0)
```

次に，x1 の要素の各点 x について $e^{-x}\cos 2\pi x$，また，x2 の要素の各点 x に

---

[11] https://matplotlib.org/
[12] NumPy 関数の linspace はデフォルトで 50 点を生成するようになっている．

ついて $\cos 2\pi x$ を計算し，それぞれを ndarray 配列 y1 と y2 に格納する [13]．

```
y1 = np.cos(2 * np.pi * x1) * np.exp(-x1)
y2 = np.cos(2 * np.pi * x2)
```

この (x1, y1) と (x2, y2) の二組の数値をプロットし，下記のコマンド群で，図 1.3 のように，一枚のグラフにまとめてみよう [14]．

```
# 2 行 1 列のプロット領域の 1 行目を使う.
plt.subplot(2, 1, 1)
# x1 を横軸, y1 を縦軸とし, 丸印をデータ点に使い,
# その間を線で結んでプロットする.
plt.plot(x1, y1, 'o-')
# プロットのタイトルを Displaying two subplots とする.
plt.title('Displaying two subplots')
# 縦軸のラベルを Damped oscillation とする.
plt.ylabel('Damped oscillation')
# 目安となる格子線を描く.
plt.grid(True)


# 2 行 1 列のプロット領域の 2 行目を使う.
plt.subplot(2, 1, 2)
# x2 を横軸, y2 を縦軸とし, 小さな丸印をデータ点に使い,
# その間を線で結んでプロットする.
plt.plot(x2, y2, '.-')
# 横軸のラベルを time(s) とする.
plt.xlabel('time (s)')
# 縦軸のラベルを Undamped とする.
plt.ylabel('Undamped')
# 目安となる格子線を描く.
plt.grid(True)
```

---

[13] NumPy 関数の cos や exp の引数に ndarray 配列が与えられた場合は，個々の要素にその関数が適用されるようになっている．

[14] 下記コマンドを実行する場合は，Matplotlib の pyplot モジュールを plt としてインポートしていることが前提となっていることに注意しよう（6 ページ参照）．

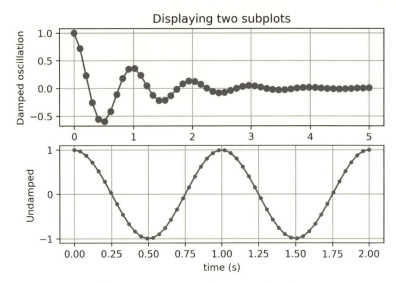

図 1.3　Matplotlib による二つのプロット

　Jupyter ノートブックではこれらのコマンドの入力の最後でプロットが得られるが，通常のコマンドライン環境では `plt.show()` を入力し実行するまでは，画面への出力が抑制されることに注意しておく．

1.5　統計解析ツール

　複雑ネットワーク分析を行う際に，膨大なデータ値の前処理および統計処理が必要になることがある．その際に用いられるモジュールとして，pandas, StatsModels を紹介する．次のコマンド群で必要なモジュールをインポートしておこう．

```
import scipy.stats as stats

import pandas as pd
import statsmodels.api as sm
from statsmodels.graphics.api import qqplot
```

1.5.1 pandas

　最近，多大な関心を集めている Python によるデータ解析分野において中心となるモジュールが pandas である [15]．大量のデータの統計処理については，これまで R 言語が用いられることが多かったが [16]，pandas は Python において R と同等（あるいはそれ以上）の機能を持つものとして，現在でも活発に開発が行われており，使用者も増えてきた．そのため，pandas の使用法については，多くの書籍が出版されており，インターネット上にも沢山の資料がある．ここでは，pandas の持つデータ読込みおよび加工の機能に注目してみよう．

　多くのプログラミング言語において，データファイルの読込みルーチンの記述は，ファイルフォーマットや格納されるデータ型（文字，数値，日付等）の多様性から，しばしば非常に繁雑なものとなり得る．pandas では，このデータの読込みに関して非常に強力な組込み関数を備えている．コンマでデータ値を分割して格納する CSV ファイルの読込みは特に容易で，この目的のためだけに pandas を用いる場合もあるほどである．本節では，pandas を用いた CSV ファイルからのデータ取り込み，加工，プロットの一連の流れを簡単に紹介する．

　まず，サンプルとなる CSV ファイルとして，気象庁が提供している日本各地の気象データダウンロードサイト [17] から，2017 年 4 月 1 日から 2018 年 3 月 31 日までの高知県高知市の各日の平均気温と降水量の日合計をダウンロードし，ファイル名 climate_Kochi.csv として保存する．ファイルの内容は以下の通りである．

ダウンロードした時刻：2019/03/12 14:17:59
, 高知, 高知, 高知, 高知, 高知, 高知, 高知
年月日, 平均気温 (℃), 平均気温 (℃), 平均気温 (℃), 降水量の合計 (mm),…
,, 品質情報, 均質番号,, 現象なし情報, 品質情報, 均質番号
2017/4/1,11.7,8,1,0.5,0,8,1
2017/4/2,9.4,8,1,1.0,0,8,1
2017/4/3,12.1,8,1,0,1,8,1
2017/4/4,14.1,8,1,0,1,8,1
2017/4/5,15.2,8,1,0.0,0,8,1
…

これを見ると，最初から 4 行目まではデータではないことがわかるので，第一行

---

[15] https://pandas.pydata.org/
[16] https://www.r-project.org/
[17] https://www.data.jma.go.jp/gmd/risk/obsdl/index.php

14   第 1 章　Python を用いた複雑ネットワーク分析

を 0 番目として 3 番目までの行を読み飛ばして，データを読み込もう．pandas で
は下記の通りとなる．

```
data_Kochi = pd.read_csv('./data/climate_Kochi.csv', skiprows=3)
```

　これで data_Kochi に pandas のデータフレームオブジェクトとしてデータの読
込みが完了した．data_Kochi の最初の数行を表示してみよう．

```
    data_Kochi.head()

年月日　平均気温（℃）平均気温（℃）.1 平均気温（℃）.2　降水量の合計（mm）降水量の合計
(mm).1  \
0    NaN      NaN      品質情報      均質番号      NaN      現象なし情報
1  2017/4/1  11.7      8          1        0.5      0
2  2017/4/2   9.4      8          1        1.0      0
3  2017/4/3  12.1      8          1        0.0      1
4  2017/4/4  14.1      8          1        0.0      1

降水量の合計（mm）.2 降水量の合計（mm）.3
0      品質情報          均質番号
1        8            1
2        8            1
3        8            1
4        8            1
```

　これを見ると，読み飛ばした行の中にある列名も読み込んでくれていることがわ
かる．ただ，第 0 行（品質情報等が格納されている行）は不要な行であるから，欠
損データ NaN が含まれている行として削除しておこう．

```
data_Kochi = data_Kochi.dropna()
```

　さらに，平均気温の列は 3 つ，降水量の合計の列も 4 つあるが，有効なデータが
格納されているのは，それぞれの初めの行のみであるから，不要な列を除去して，
データフレームを整理しよう．まず，下記のように，残しておきたい列を True，除
去したい列を False としたブール型リストを用意する．

```
column_bool = [True, True, False, False, True, False, False,
False]
```

1.5 統計解析ツール | 15

これを用い，必要な列のみを残し，それを改めて data_Kochi とする．

```
data_Kochi = data_Kochi.iloc[:, column_bool]
```

加工後のデータフレームを確認しよう．

```
data_Kochi.head()
```

	年月日	平均気温 (℃)	降水量の合計 (mm)
1	2017/4/1	11.7	0.5
2	2017/4/2	9.4	1.0
3	2017/4/3	12.1	0.0
4	2017/4/4	14.1	0.0
5	2017/4/5	15.2	0.0

次に，列名が日本語となっているが，データ解析やプロットを行う際に，文字化け等のトラブルを避けるために，下記コマンドにより，英字表記に変更しよう．

```
data_Kochi.rename(columns={' 年月日': 'date', ' 平均気温 (℃)':
'temperature[C]', ' 降水量の合計 (mm)': 'precipitation[mm]'},
inplace=True);
data_Kochi.head()
```

	date	temperature[C]	precipitation[mm]
1	2017/4/1	11.7	0.5
2	2017/4/2	9.4	1.0
3	2017/4/3	12.1	0.0
4	2017/4/4	14.1	0.0
5	2017/4/5	15.2	0.0

これで，データフレームの整理ができた．関数 describe によって，このデータの主要統計量を計算し表示できる．

```
data_Kochi.describe()
```

	temperature[C]	precipitation[mm]
count	365.000000	365.000000
mean	17.065479	6.338356
std	8.277868	15.643036
min	0.100000	0.000000
25%	9.500000	0.000000
50%	17.900000	0.000000
75%	23.600000	2.500000
max	30.500000	97.500000

これを見ると，2017 年 4 月 1 日からの 1 年間の平均気温は 17.1[°C]，日平均気温の最高値は 30.5[°C]，最低値は 0.1[°C]，降水量の日合計については，平均値 6.33[mm]，最高値 97.5[mm]，最低値 0[mm] であり，温暖で晴天が多いが，時に大量の降雨がある高知県の気候を概観することができる．

データフレームのプロットについては，簡便なものであれば下記のように非常に簡単である（図 1.4）．

```
data_Kochi.plot(subplots=True);
```

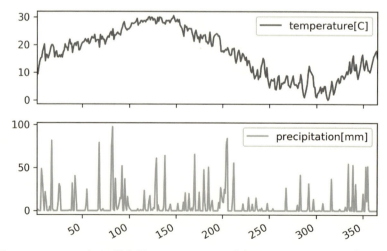

図 1.4　pandas による平均気温 (temperature) と降水量 (precipitation) のプロット．

もちろん，さまざまなオプションを指定したり，Matplotlib を用いることで，さらに豊富な描画も可能である．

pandas には，この他に，各種統計量，相関係数，検定，回帰分析等，一般的な統計解析を行う関数群を備えており，さらに詳細な分析を行っていくことができる．

1.5.2 StatsModels

この節では，StatsModels の公式サイト内 [18] で紹介されている，ARMA モデル [19] による太陽黒点数の時系列データ解析を紹介しよう．

StatsModels には，すでにいくつかのデータが組込まれており，ここでは，西暦 1700 年から 2008 年までの 309 年分の毎年の太陽の黒点数を記録したデータクラス sunspots を使っている．データの概要については，クラスの NOTE 属性によって知ることができる．

```
print(sm.datasets.sunspots.NOTE)
::

    Number of Observations - 309 (Annual 1700 - 2008) Number of Variables
- 1 Variable name definitions::
    SUNACTIVITY - Number of sunspots for each year
    The data file contains a 'YEAR' variable that is not returned by load.
```

このデータセットを pandas のデータフレームとして読込もう [20]．

```
dta = sm.datasets.sunspots.load_pandas().data
```

次に，それぞれのデータ点に測定年のラベル（インデックス）を付加しよう．このデータフレームは pandas 形式なので，pandas の関数によってラベル付けを行う．

```
dta.index = pd.Index(sm.tsa.datetools.dates_from_range('1700',
'2008'))
del dta["YEAR"]
```

まず，データ点をプロットして，時系列データを概観しよう（図 1.5）．

---

[18] https://www.statsmodels.org/stable/examples/notebooks/generated/tsa_arma_0.html
[19] Auto-Reressive Moving Average model （自己回帰移動平均モデル）
[20] StatsModels は R 形式でもデータの読み込みができる．

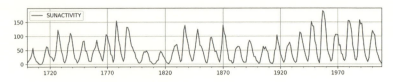

図 1.5　1700 年から 2008 年にかけての各年の太陽黒点数のプロット

```
dta.plot(figsize=(12,2), grid=True);
```

この時系列データには明らかに周期性が見られるが，自己相関係数および偏自己相関係数をプロットすることによって，よりはっきりする（図 1.6）.

```
fig = plt.figure(figsize=(12,6))
ax1 = fig.add_subplot(211)
fig = sm.graphics.tsa.plot_acf(dta.values.squeeze(), lags=40,
ax=ax1)
ax2 = fig.add_subplot(212)
fig = sm.graphics.tsa.plot_pacf(dta, lags=40, ax=ax2)
```

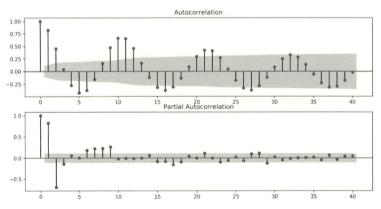

図 1.6　太陽黒点数の自己相関係数（上図）および偏自己相関係数（下図）のプロット

偏自己相関係数プロットを見ると，6〜9 年のラグとの相関が強い．

時系列データそのもののプロットから，このデータはほぼ定常であると見てよいようなので，この時系列データを，下の StatsModels 関数によって，ラグに関する

1.5 統計解析ツール 19

次数が 3 で移動平均項は使わない ARMA モデル（= AR(3) モデル）でフィット
してみよう.

```
arma_mod30 = sm.tsa.ARMA(dta, (3,0)).fit(disp=False)
```

得られたパラメータを見てみると次のようになっている.

```
print(arma_mod30.params)

const                  49.749890
ar.L1.SUNACTIVITY       1.300810
ar.L2.SUNACTIVITY      -0.508093
ar.L3.SUNACTIVITY      -0.129650
dtype: float64
```

すなわち, 得られたモデルは

$$x(t) = 49.75 + 1.3\,x(t-1) - 0.5\,x(t-2) - 0.13\,x(t-3) \tag{1.4}$$

ということになる. 実は, 自己相関係数および偏自己相関係数の値から, このデータ
にはラグ 6～9 のところに相関があることがわかるので, このフィットはあまり良くな
い. そのことは, モデルの予測誤差と次数から, 計算される情報量基準（information
criterion）を計算してみることでわかる.

```
print(arma_mod30.aic, arma_mod30.bic, arma_mod30.hqic)
2619.403628696821   2638.07033508131   2626.8666135033786
```

上のように, このモデルについての赤池情報量基準 (AIC), Bayes 情報量基準
(BIC), Hannan-Quinn 情報量基準はいずれも 2600 以上の値となっており, あま
り小さくない.

残差のプロットは下記のコマンドによって得られる図 1.7 の通りである.

```
fig = plt.figure(figsize=(12,3))
ax = fig.add_subplot(111)
ax = arma_mod30.resid.plot(ax=ax, grid=True);
```

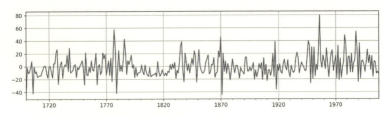

図 1.7 太陽黒点数の実測値とモデルからの予測値の残差

　実測値とモデル予測値との残差について，Durbin-Watson 比を計算してみると，2 に近くなり，異なる残差間には自己相関はほぼなくなっていることがわかる．

```
sm.stats.durbin_watson(arma_mod30.resid.values)
1.9564809639301717
```

　しかし，この残差について，D'Agostino-Pearson の正規性検定を行ってみると，下記のように，p 値が非常に小さくなり，残差の分布は正規分布とは言えない．

```
resid = arma_mod30.resid
stats.normaltest(resid)
NormaltestResult(statistic=49.845016265833294,
pvalue=1.500694333514639e-11)
```

　さらに，この残差の正規分布からの逸脱は，図 1.8 のように Q-Q プロットが直線からはずれることにも現れる．

```
fig = plt.figure(figsize=(12,3))
ax = fig.add_subplot(111)
fig = qqplot(resid, line='q', ax=ax, fit=True)
```

　このように，StatsModels モジュールを用いることによって，各種データの統計モデルによる解析を行っていくことができる．
　もちろん，StatsModels では，さきほどの太陽黒点数の時系列データについて，最適な AR モデルを一発で選択することも可能である．

```
ar = sm.tsa.AR(dta).fit()
```

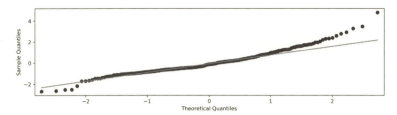

図 1.8 太陽黒点数の実測値とモデル予測値との残差の Q-Q プロット

得られたパラメータは下記の通りとなる．

```
print(ar.params)

  const              8.128902
  L1.SUNACTIVITY     1.157001
  L2.SUNACTIVITY    -0.397963
  L3.SUNACTIVITY    -0.174587
  L4.SUNACTIVITY     0.150007
  L5.SUNACTIVITY    -0.110178
  L6.SUNACTIVITY     0.025265
  L7.SUNACTIVITY     0.060902
  L8.SUNACTIVITY    -0.092937
  L9.SUNACTIVITY     0.272277
  L10.SUNACTIVITY   -0.027084
  L11.SUNACTIVITY    0.016550
  L12.SUNACTIVITY    0.025356
  L13.SUNACTIVITY   -0.108747
  L14.SUNACTIVITY    0.107336
  L15.SUNACTIVITY    0.023532
  L16.SUNACTIVITY   -0.080584
dtype: float64
```

したがって，最適な AR モデルでは，16 までのラグが必要になり，これが太陽黒点数の 10 年のオーダーでの振動と関係していることがわかる．

最後に，社会的に関心が高まっている機械学習においても，Python は scikit-learn や Tensorflow といったモジュールを備えており，Python を用いたビッグデータ

22 第 1 章 Python を用いた複雑ネットワーク分析

解析が一つの主流となっていることを付記しておく.

1.6 よく知られたネットワーク分析ツール： NetworkX

現在，複雑ネットワーク分析に最もよく使われている Python モジュールは Net-workX[21] であろう．このモジュールは，ほぼすべてが Python で実装されており，公式サイトには非常に詳細なマニュアルがある [22]．Python を用いて複雑ネットワーク研究を始める者の多くが最初に触れるモジュールであると言ってよいだろう．通常の pip によって容易にインストールでき，Anaconda 等のパッケージにもデフォルトで含まれている．使い方についても，インターネット上に多くの例を見つけることができるので，ここでは， NetworkX を用いた二次元格子上のサイトパーコレーションの計算例を紹介するに留めよう．

下記コマンドでモジュールをインポートする.

```
import networkx as nx
```

NetworkX の組込み関数 grid_2d_graph によって，10×10 の正方格子を生成する．この関数は，格子点をその座標によってラベル付けするので，その座標を用いて，この正方格子を図示してみる（図 1.9）.

```
n = 10
g = nx.grid_2d_graph(n, n)
g_nodes = g.nodes()

g_pos_dict = {}
for nodes in g_nodes:
    g_pos_dict[nodes] = nodes

fig = plt.figure(figsize=(5,5))
plt.title('10 x 10 lattice', fontsize = 20)
nx.draw(g, pos=g_pos_dict, node_color='red')
```

---

[21] https://networkx.github.io/
[22] https://networkx.github.io/documentation/stable/index.html

1.6 よく知られたネットワーク分析ツール：NetworkX

図 1.9 NetworkX による 10×10 正方格子のプロット

この正方格子上の格子点をランダムに除去するため，Python の乱数発生モジュール random をインポートする．

```
import random
```

正方格子 g とノード生存確率 p を引数として取り，確率 p で格子点を除去する関数 node_prec_2d を定義しよう．

```
def node_perc_2d(g, p):
    # 総ノード数を取得
    total_nodes = g.order()
    # 全ノードを取得
    g_nodes = g.nodes()
    # 除去するノード数を計算
    rm_node_number = int(np.around( ((1-p) * total_nodes) ))
    # 全ノードをランダムに並べかえ除去するノードを決定
    rm_nodes = random.sample(g_nodes, k=rm_node_number)

    # ノード除去
    # 引数として与えられたネットワークを複製
    h = g.copy()
    # 複製されたネットワークの全ノードを取得
```

24 | 第1章　Python を用いた複雑ネットワーク分析

```
h_nodes = h.nodes()
# (1-p) の割合でのノード除去
h.remove_nodes_from( rm_nodes )
# ネットワーク描画用の座標を格納する辞書
h_pos_dict = {}
# キーとその値をともにノードの座標とする
for nodes in h_nodes:
    h_pos_dict[nodes] = nodes
# 除去後のネットワークと座標を返す
return (h, h_pos_dict)
```

　ノードの生存確率を 0.9, 0.7, 0.5, 0.3, 0.1 として，ノード除去を行い，除去後の
ネットワークを除去前のネットワークの上に重ね描きして図示してみよう（図 1.10）.

```
p_list = (0.9, 0.7, 0.5, 0.3, 0.1)

fig = plt.figure(figsize=(15,3))

for idx in np.arange(0, len(p_list)):
    p = p_list[idx]
    plt.subplot(1,5,idx+1)
    plt.title('p = %g' % p, fontsize = 18)
    nx.draw(g, node_color='red', pos=g_pos_dict, node_size=80,
    alpha = 0.15)
    (h, h_pos_dict) = node_perc_2d(g, p)
    nx.draw(h, node_color='red', pos=h_pos_dict, node_size=80,
    alpha = 1.0)
```

　これを見ると，$p = 0.5$ のあたりで，生存ノード全体の連結性が失われている様
子がわかる．そこで，ノード除去後のネットワーク内の最大連結成分の割合を計算
する関数 gc_perc_2d を定義し，さらに計算してみよう.

```
def gc_perc_2d(g, p):
    # ネットワークの総ノード数を取得
```

1.6 よく知られたネットワーク分析ツール：NetworkX

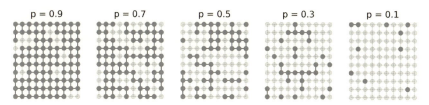

図 1.10 10×10 正方格子上で，ノード生存確率 p を 0.9 から 0.1 まで変化させながら，ノード除去を行ったときのネットワーク

```
g_order = g.order()
# ノード生存確率を p として一様ノード除去
h, h_pos_dixt = node_perc_2d(g, p)

# ネットワーク内の最大連結部分グラフを求める．
gcc = max(nx.connected_components(h), key=len)

# 全ノード数に対する最大連結成分の割合を返す．
return float(len(gcc))/float(g_order)
```

ノード生存確率を 0.05 から 0.95 まで 0.05 刻みとし，100×100 正方格子における最大連結成分の割合をプロットしてみる（図 1.11）．

```
n = 100                     # 100 x 100 格子とする
g = nx.grid_2d_graph(n, n)
p_list = []
gc_list = []
for p in np.arange(0.05, 0.98, 0.05):
    p_list.append(p)
    gc_list.append( gc_perc_2d(g, p) )

plt.figure( figsize=(4,4) )
plt.title('Giant Component Size')
plt.plot(p_list, gc_list, 'bo-')
plt.xlabel('p')
plt.tight_layout()
```

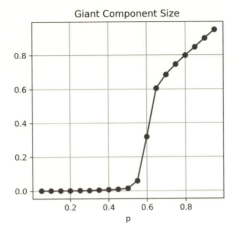

図 1.11 100 × 100 正方格子上でのノード生存確率 p の関数としての最大連結成分サイズのプロット

```
plt.grid(True)
```

　これを見ると，ノード生存確率が 0.58 あたりで，最大連結成分が急激に成長する様子がわかる．この急激な立ち上がりを示す生存確率がパーコレーション閾値であり，より精密な数値計算により，ノード無限大の極限で約 0.593 となることが知られている．

1.7　最新でより強力な分析ツール： graph-tool

　graph-tool はネットワーク科学の研究者 Tiago P. Peixoto 博士 (Central European University, Hungary) がほぼ独力で開発した複雑ネットワーク分析のためのモジュールである[23]．このモジュールも NetworkX と同様に，ネットワーク生成，ノードやリンクの追加や除去，連結成分への分割[24]，次数分布，次数相関[25]，平均次数，各種中心性などのネットワーク指標，コミュニティ分割[26] など，ネットワーク分析に必要なほとんどすべてのルーチンを備え，非常に強力なネットワーク描画機能も持っている．何よりも，このモジュールの強みは，その高速さである．ほぼす

---

[23] https://graph-tool.skewed.de/
[24] k-core など本書第 4 章も参照のこと．
[25] 本書第 4 章を参照．
[26] 本書第 3 章を参照．

ベての計算ルーチンが内部的には C++ で実装され，複数コアの CPU による計算の際には OpenMP を用いて並列処理も行うようになっているため，処理速度が非常に高速である．graph-tool のホームページに他のモジュールとの速度比較が掲載されているが，Python のみで実装されている NetworkX と比較して，非常に高速となっている．ちなみに，筆者の手元にある iMac (Intel Core i7, 4GHz, 4 cores) を用い，Peixoto 博士が公開しているスクリプトを用いてベンチマークテスト[27]を行ってみた．対象となるネットワークは，ノード数 39,796，リンク数 301,498 の PGP web of trust network である．ここで，表中の数値はそれぞれの実行時間を表わし，gt/nx は graph-tool が NetworkX の実行時間と比較して何倍速いかを示す（表 1.1）．

表 1.1 graph-tool と NetworkX の処理速度の比較

アルゴリズム	graph-tool (4 cores)	NetworkX	ratio(gt/nx)
single-source shortest path	0.004[s]	0.331[s]	82.75
Page Rank	0.016[s]	2.819[s]	176.2
k-core	0.008[s]	0.874[s]	109.3
minimum spanning tree	0.015[s]	1.367[s]	91.13
betweeness	145.4[s]	38338[s]	263.7

これを見ると，graph-tool は NetworkX と比べ，約 80〜260 倍程度高速になっている．したがって，大規模ネットワークのシミュレーションや分析を Python で行う場合，実用に堪えるモジュールは現状では graph-tool のみであるということになる．この graph-tool も詳細な文書が公開されており，使用法は明確であるが，日本語の解説は少ない．そのことを念頭に置き，本節では，この graph-tool を用いたネットワーク分析を詳述する．

1.7.1 インストール

graph-tool を導入する場合，最初のそして最大のハードルはおそらくインストールだろう．このモジュールは C++ によって実装されており，そのコンパイルには，計算機環境にあらかじめ Boost，CGAL，expat などの C/C++ 関数ライブラリがインストールされている必要がある．そのため，通常の Python モジュールのインストールのように，pip コマンド一発でのインストールができない．また，Boost ライブラリを Python から利用できるようにインストールする場合，使用する Python を個別に指定してビルドしなければならない．そのため，システ

---

[27] https://graph-tool.skewed.de/performance

ムにプリインストールされている Python を使用せず，独自環境でインストールした Python を用いる場合，graph-tool のインストール以前に，この Boost ライブラリの導入でつまづくことも多い．このような個別の環境に依存したインストール時のトラブルについては，ネット上で検索して得られた対策がそのままあてはまらず，各 OS やその上での開発環境についての突っ込んだ知識が必要となることもある．また， Anaconda 等の Python ディストリビューションとの併用についても個別の環境に依存する問題が生じることもあり悩ましい．そのため，便利であるとは知りながら graph-tool の導入を断念するという場合も少なからずあるようである．graph-tool の公式ホームページでは，インストールについての詳細な文書 [28] も公開されている．

現在のところ，最も簡単に graph-tool を導入する方法として，下記の方法がある．

- 使用する計算機に Docker をインストールし，それを用いて Peixoto 博士が公開してくれている graph-tool の Docker イメージをそのままダウンロードして環境構築する． 構築される環境は Arch GNU/Linux である． この方法では合わせて Matplotlib, pandas, IPython, Jupyter などのモジュールもインストールされる．Docker は Unix/Linux, MacOS, Windows のいずれの OS にも対応しているので，どの OS でも基本的には同一手順でインストール可能である．ただし，この環境で準備されていない他のモジュールを導入したい場合や，Docker 環境の外のアプリケーションと連携させたい場合には工夫が必要となる．

- Arch, Gentoo, Debian, Ubuntu などの比較的メジャーな Linux ディストリビューションについては，yum や apt など，それぞれのパッケージマネージャに対応したパッケージが準備されているので，それを用いる．Windows についても最新バージョンの Windows 10 では， Windows Subsystem for Linux (WSL) を用いて，これらの Linux 環境をインストールすることができるようになっているので，それを用いて， Windows 上にインストールすることも可能になっている．パッケージマネージャを使う場合には， graph-tool のインストールを指定するだけで，依存関係も考慮され，必要なライブラリも合わせてインストールされるので非常に便利である．また，MacOS については, Unix ライブラリやコマンド群をインストールする環境として，MacPorts や Homebrew といったライブラリマネージャーが開発されており，これらのマネージャーにより graph-tool がインストールできる．

---

[28] https://git.skewed.de/count0/graph-tool/wikis/installation-instructions

現在のところ，MacPorts あるいは Homebrew を用いて，MacOS で環境構築を行うのが最もトラブルが少ないように思われる．

もし，Docker による環境まるごとのインストールや，パッケージマネージャの利用について問題がある場合は，ソースファイルからのビルドとインストールが必要になる．ただし，graph-tool のコンパイルには，C++14 に準拠した比較的新しいコンパイラ（gcc ならバージョン 5 以降，clang ならバージョン 3.5 以降）が必要になることを注意しておく．手動インストールの場合には，公式サイトのインストラクションをよく読み，まず，graph-tool が依存するライブラリから順にインストールしていく．特に，graph-tool は Boost ライブラリに全面的に依存しているので，このライブラリのインストールから始めることになる．用いる計算機システムに Boost がプリインストールされている場合もあるかもしれないが，graph-tool のコンパイルにはバージョン 1.55 以降が必要となるのでこれにも注意しよう．Boost ライブラリを Python と連動させるための，Boost Python のビルドに際しては，graph-tool を import する予定の Python を指定してビルドしなければならない．Boost が首尾よくインストールできれば，その Boost ライブラリを用いて CGAL ライブラリをビルド，インストールする．その他の依存ライブラリ（expat, sparsehash, cairomm, pycairo 等）については，それぞれ必要に応じてパッケージマネージャを用いてインストールするのがよいと思う．

それらの依存ライブラリがインストールできれば，いよいよ graph-tool のビルド，インストールということになる．基本的には，通常よく用いられる configure スクリプトによる個別環境に応じた Makefile の生成を行った後，make, make install を行えばよい．ここで，configure スクリプトが正常に終了せず，エラーとなることが起こるが，スクリプトのエラーメッセージをしっかり読めば原因がわかることが多い（少なくとも筆者にとってはそうであった）．大抵は，Boost ライブラリがうまくインストールできていなかったり，依存ライブラリが標準とは違うところにあるため見つけられなかったり，といったところであった．graph-tool は C++ の機能であるテンプレートメタプログラミングを広範に利用しているため，コンパイルには大量のメモリを消費し，時間もかかる．筆者の環境では，コンパイル時に必要な最大メモリは約 4GB，コンパイル時間は 1 時間半ほどであった．

このように，インストールには少なからぬ手間と時間を要するが，インストールが完了すれば，大規模な複雑ネットワークを分析する強力な手段を得たことになる．

1.7.2 基本処理

まず，graph-tool モジュールを次のコマンドでインポートしよう．以降，モジュール内の関数は gt というプリフィックスにより指定することができる．

```
import graph_tool.all as gt
```

このモジュールで基本となるオブジェクトはもちろん Graph である．空のグラフのインスタンスは次のようにして生成できる．

```
g = gt.Graph()
```

生成されるグラフはデフォルトでは有向グラフである．この空グラフにノードを 1 つずつ，次のように付け加えよう．

```
v1 = g.add_vertex()
v2 = g.add_vertex()
```

また，付け加えたノード v1 から v2 に向かって次のようにリンクを張ることができる．

```
e = g.add_edge(v1, v2)
```

graph-tool は強力な描画機能を持っている．現在のグラフ g を，ノードに番号を 18 ポイントのフォントサイズで付加し，図 1.12 のように描画する．

```
gt.graph_draw(g,
            vertex_text = g.vertex_index,
            vertex_font_size = 18,
            output_size=(200,200));
```

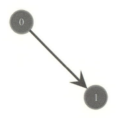

図 1.12 graph-tool による簡単なグラフの描画例

もちろん，さらに詳しいオプションを指定することで，フォントを指定したり，ノードの配置，色，大きさ，あるいは，リンクを示す矢印の色や太さなどを，それらの属性に従って変えたりすることも可能である．

ネットワーク生成の際は，ノードやリンクを一つ一つ付け加えていくだけではなく，一定のアルゴリズムに従って一気にある程度の規模のネットワークを生成し，それを後から加工していくことも多い．後述するように，graph-tool では，次数分布や次数相関を関数引数として与え，それに従ってランダムグラフを生成する基本的なルーチンをユーザ側が利用するようになっており，NetworkX のようにさまざまな生成アルゴリズムが初めから豊富にインストールされているわけではない．しかし，この基本ルーチンの汎用性は非常に高く，後で実例を挙げるように，多少なりとも Python でのプログラミング経験があれば，graph-tool によって必要なネットワーク生成ルーチンを書くことはそれほど困難ではない．

それでも，いくつかのネットワーク生成アルゴリズムは組込まれている．次の例では，10×20 の 2 次元正方格子に周期境界条件を課したネットワークを生成している（図 1.13）．周期境界条件のため，描画するとトーラスとなっている．なお，pos は，描画時のノードの位置を指定するパラメータで，ここでは，ノード間に若干の反発力を持たせ，できるだけ均等にノードが拡がって描画されるようにしている．

```
g = gt.lattice([10, 20], periodic=True)
pos = gt.sfdp_layout(g, cooling_step=0.95, epsilon=1e-2)
gt.graph_draw(g, pos=pos, output_size=(300, 300));
```

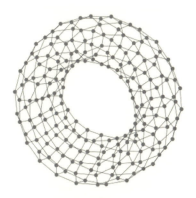

図 1.13　graph-tool による周期境界条件を持つ 10×20 正方格子の描画

次の例では，ノード数 20 の完全グラフを生成し，描画している（図 1.14）．

```
g = gt.complete_graph(20)
pos = gt.sfdp_layout(g, cooling_step=0.95, epsilon=1e-2)
gt.graph_draw(g, pos=pos, output_size=(300, 300));
```

次の例では，20 個のノードが円環状に接続され，さらに，第二隣接ノードとも接続された，円形格子を生成し，描画している（図 1.15）．

```
g = gt.circular_graph(20, 2)
pos = gt.sfdp_layout(g, cooling_step=0.95, epsilon=1e-2)
gt.graph_draw(g, pos=pos, output_size=(300, 300));
```

図 1.14　graph-tool によるノード数 20 の完全グラフの描画

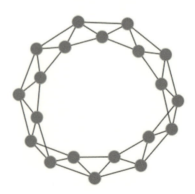

図 1.15　graph-tool によるノード数 20, 最近接ノード数 4 の円形格子の描画

1.7 最新でより強力な分析ツール： graph-tool   33

この円形格子から出発し，張られたリンクの一部分をランダムに張り替えることで，1998 年，Watts と Strogatz は現実の複雑ネットワークに見られる，小さなノード間距離と大きなクラスター係数が両立する Small-World ネットワークが比較的簡単に得られることを示し，現在の複雑ネットワーク研究の爆発的な隆盛のきっかけを作った [29]．次節では，graph-tool を用いて，Watts and Strogatz の基本結果を再現してみよう．

1.7.3 Watts-Strogatz モデル

まず，次のインポートを行おう．

```
import numpy.random as rnd
```

これで，NumPy の種々の乱数生成ルーチンが使えるようになる．次に，graph-tool の円形格子生成ルーチンにより，ノード数 n，接続隣接ノード数 2k の円形格子から出発し，与えられた確率 p で，その円形格子のリンクの接続先をランダムに選んでつなぎかえる（ただし，複数リンクや自己ループは禁止する）ことにより，Watts-Strogatz (WS) ネットワークを生成する関数を次のように定義しよう．

```
def ws_graph(n, k, p):
    # まず基本となる円形格子を生成する.
    base_g = gt.circular_graph(n, k)

    # p = 0, つまり, リンクの張り替えを
    # しない場合には, この基本円形格子を
    # 最終結果として返して終わる.
    if p == 0:
        return base_g

    # リンクの張り替えがあり得る場合
    #
    # 空の無向グラフを生成し,
    # n 個のノード数を付け加える.
    g = gt.Graph(directed=False)
    g.add_vertex(n)
```

---

[29] D. J. Watts and S. H. Strogatz, Nature 393, 440 (1998).

第1章 Python を用いた複雑ネットワーク分析

```python
# 張り替え前の base_g のすべてのリンクを走査し,
# 生成乱数が p より少なければ,リンクの張り替えを行う.
# 複数リンクや自己ループとならないように注意する.
for edg in base_g.edges():
    st_vtx = edg.source()
    tg_vtx = edg.target()
    if rnd.random() < p:
        # 新しいリンク先の候補を生成
        nw_tg_idx = rnd.choice(n)
        nw_tg_vtx = base_g.vertex(nw_tg_idx)
        while ((nw_tg_vtx in st_vtx.all_neighbors())
        or nw_tg_vtx == st_vtx):
            # もし,新しいリンク先によって,
            # 複数リンクや自己ループになるのなら,
            # 別のリンク先を新たに探す.
            nw_tg_idx = rnd.choice(n)
            nw_tg_vtx = base_g.vertex(nw_tg_idx)
        if g.edge(st_vtx, nw_tg_vtx) == None:
            # 以前のリンク張り替えによって,
            # 張ろうとするリンクがすでにある場合を
            # のぞき,リンクの張り替えを行う.
            g.add_edge(st_vtx, nw_tg_vtx)
    else:
        # リンクの張り替えは行わず,
        # もとの基本円形格子のリンクをそのまま張る.
        if g.edge(st_vtx, tg_vtx) == None:
            g.add_edge(st_vtx, tg_vtx)

# 張り替えを行ったネットワークを返して終わる.
return g
```

リンクを張り替える確率を99%とした場合,そのネットワークは,与えられたノード数およびリンク数を持つランダムネットワーク（Erdös-Rényi ネットワーク）と

ほとんど見分けがつかない（図1.16）．

```
ws_g = ws_graph(40, 2, 0.99)
pos = gt.sfdp_layout(ws_g, cooling_step=0.95, epsilon=1e-2)
gt.graph_draw(ws_g, pos=pos, output_size=(300, 300));
```

図 1.16　99%のノードをランダムに張り替えたネットワーク

また，ネットワーク内のすべてのノードペアの最短距離をリストアップする graph-tool 関数 shortest_distance を用いて，ネットワークのノード間の平均距離を求める関数を次のように定義する．

```
def avr_distance(g):
    return np.mean([np.mean(dist_itm) for dist_itm in gt.
    shortest_distance(g)])
```

クラスター係数は，各ノードの隣接ノード同士がどの程度相互連結されているかを表わす特徴量で，ノード v_i が次数 k_i であるとき，このノードのクラスター係数は

$$C(v_i) = \frac{v_i \text{ の隣接ノード間のリンクの総数}}{\frac{1}{2}k_i(k_i-1)} \tag{1.5}$$

で定義されるのだが，graph-tool には，ネットワーク全体の平均クラスター係数を求める global_clustering が組込まれているので，それを用いよう．

Watts と Strogatz の原論文では，ノード数 1000，接続隣接ノード数 10 の円形格子から出発し，リンク張り替えの確率 p を 0 から 1 まで変えながら，平均クラスター係数とノード間距離の平均を計測することを 20 回くり返し，その結果を平均して最終結果としている．それと同じことを行う Python のルーチンは以下の通りである．

```
# 基本となる円形格子を生成する.
base_g = ws_graph(1000, 5, 0)
# 基本円形格子の平均クラスター係数と
# 平均距離を計算しておく.
clst_coeff0 = gt.global_clustering(base_g)[0]
avr_dist0   = avr_distance(base_g)

# リンク張り替えの確率のリストを生成する.
# 0.0001 から 1 まで対数プロットで均等となる
# 15 点を生成する.
p_list = np.logspace(-4, 0, num=15)

# サンプル数は 20
sample = 20
# 結果を入れるリストを初期化
clst_coeff_list = []
avr_dist_list   = []

# 20 回, 各 p について, 平均クラスター係数と
# 平均距離の計測を行う.
for i in range(sample):
    clst_coeff = []
    avr_dist   = []
    for p in p_list:
        ws_g = ws_graph(1000, 5, p)
        clst_coeff.append(gt.global_clustering(ws_g)[0]/clst_
        coeff0)
        avr_dist.append(avr_distance(ws_g)/avr_dist0)
    clst_coeff_list.append(clst_coeff)
    avr_dist_list.append(avr_dist)

# 20 回のサンプルについての平均を計算し, 最終結果とする.
clst_coeff_mean = np.mean(clst_coeff_list, axis=0)
avr_dist_mean   = np.mean(avr_dist_list, axis=0)
```

得られた結果を Matplotlib を用いて片対数プロットしよう．このプロット（図1.17）が Watts and Strogatz の記念碑的論文の Figure 2 と同じものである．

```
plt.figure(figsize=(7, 3))
plt.semilogx(p_list, avr_dist_mean, 'o', label="L(p)/L(0)")
plt.semilogx(p_list, clst_coeff_mean, 's', label="C(p)/C(0)")
plt.xlabel("p: rewiring probability")
plt.grid(True)
plt.legend(loc="upper right")
plt.show()
```

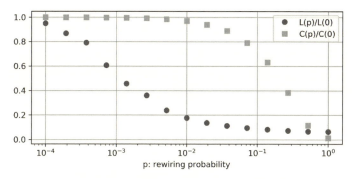

図 1.17 リンクの張り替え確率 p の関数としてあらわした平均経路長 $L(p)/L(0)$（丸）と平均クラスター係数 $C(p)/C(0)$（四角）のプロット．横軸は対数軸である．p の広い領域で大きなクラスター係数と小さな平均経路長が共存していることがわかる．

1.7.4 スケールフリーネットワークの持つアキレスの踵

次に，Albert，Jeong，そして Barabási による 2000 年の金字塔的論文[30] の結果を確認してみよう．彼女たちは，2 に近い指数を持つべき則に従う次数分布を持つScale-Free (SF) ネットワークでは，ランダムなノード除去については，90%以上のノードを除去しても，残ったノードの連結性が失われないが，次数の大きなノード（ハブ）から選択的に除去する場合 10%程度のノードを除去するだけで残ったノードの連結性が完全に失われてしまうことを発見し，それを SF ネットワークの持つアキレスの踵（Achilles' heel，唯一の弱点）と名づけた．

まず，べき乗則に従う次数分布を持つネットワークを生成しよう．Albert et al.

---

[30] R. Albert, H. Jeong, and A.-L. Barabasi, Nature 406, 378 (2000).

38 | 第 1 章 Python を用いた複雑ネットワーク分析

では，Albert-Barabási モデルでネットワークが生成されているが，graph-tool では，与えられたノード数 total_nodes を持ち，与えられた次数分布 $P(k)$ を持つネットワークを生成する random_graph というルーチンがあるので，これを用いることにする．このルーチンでは，次数 k を持つネットワークの次数を与えられた次数分布に従って生成する関数が必要になる．そのため，以下の関数を定義しよう．

```
def sample_k(kmin, kmax):
    accept = False
    while not accept:
        k = rnd.randint(kmin, kmax+1)
        if rnd.random() < k**(-lmbd):
            accept = True
    return k
```

これは，ノードを生成する際に，最小次数 kmin と最大次数 kmax の間の次数について，$k^{-\lambda}$ に比例する確率で，そのノードの次数を決める関数である．この λ は，次数分布のべき指数（以下，単にべき指数）と呼ばれる SF ネットワークの特徴量である．

ノード数 N，べき指数 λ を持つ SF ネットワークの最大次数 $k_{\max}$ は，$P(k) = Ck^{-\lambda}$ として，$\frac{1}{N} \approx \int_{k_{\max}}^{\infty} P(k)\mathrm{d}k$，および，$\int_{k_{\min}}^{\infty} P(k) = 1$ より，$k_{\min}N^{1/\lambda-1}$ の程度の大きさとなるので，それを決める関数を次のように定義する．

```
def max_degree(k_min, total_node, lmbd):
    return int(k_min * total_node**(1/(lmbd - 1)))
```

ここでは，総ノード数を 10000，べき指数を 2.5 とし，最小次数 $k_{\min} = 2$ の SF ネットワークを生成することにする．

```
total_nodes = 10000
lmbd = 2.5
kmin = 2
```

この SF ネットワークの最大次数は以下の通りである．

```
kmax = max_degree(kmin, total_nodes, lmbd)
```

```
kmax

928
```

では，総ノード数 10000，最小次数 2，最大次数 928，次数分布 $P(k) \propto k^{-2.5}$ の（無向）SF ネットワークを以下の通り生成しよう．

```
g = gt.random_graph(total_nodes, lambda: sample_k(kmin, kmax),
directed=False)
```

できあがったネットワークの次数分布を確認してみよう．それぞれの次数を持つノード数の度数をカウントする関数 vertex_hist を使う（無向グラフでは入次数と出次数は同じになるので，ここでは出次数でカウントする）．

```
deg_hist = gt.vertex_hist(g, "out")
```

得られた次数分布を両対数でプロットしてみよう（図 1.18）．

```
plt.figure(figsize=(7,3))
plt.loglog(deg_hist[0], 'o')
plt.ylim(1e-1, 1e4)
plt.xlim(0.8, 1e3)
plt.grid(True)
plt.title("Degree distribution")
plt.xlabel("k")
plt.ylabel("N(k)")
plt.show()
```

このように，次数分布は両対数プロットで直線の部分を持ち，べき乗則に従う SF ネットワークとなっていることがわかる．

次に，このネットワークのノード除去に対する頑強性を調べるため，ネットワークから一定の方法でノードを除去し，残ったノードの最大連結成分 (Giant Component, GC) の大きさが除去前の全ノード数に対してどのくらいの割合になるかを計算する．これは統計物理学の分野におけるパーコレーション（浸透）問題と同じものである．ここでは，次の二種類のノード除去について検討する．一つは，ランダムな

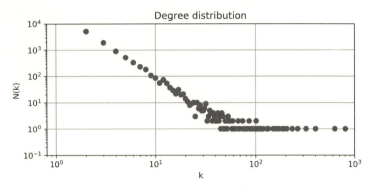

図 1.18 ノード数 10000, 最小次数 2, 最大次数 928, 次数分布指数 2.5 の無向 SF ネットワークの次数分布の両対数プロット

ノード除去 (Random failure), もう一つは, 次数の大きなノード (ハブ) からの選択的ノード除去 (Targeted attack) である.

graph-tool では, ノード除去に対するパーコレーションとリンク除去に対するパーコレーションについては, それぞれ vertex_percolation, edge_percolation というルーチンを持ち, 非常に簡単にこの計算を行うことができる. vertex_percolation については, 引数に対象となるネットワークと除去していくノードのリストを与えるだけで, そのノードリストについて, そのすべてを除去, 最終要素以外を除去, 最後から 2 要素以外を除去, … という順序で次々とノードを除去を行った場合の最大連結成分のノード数リストを得ることができる.

まず, 次のコマンドにより, この SF ネットワークのすべてのノードを次数の大きい順に並べかえたリストを生成し, そのリストによりノード除去を行い, 最大連結成分を計算する. これは Targeted attack に対応する.

```
vertices = sorted([v for v in g.vertices()], key=lambda v:
v.out_degree())
sizes, comp = gt.vertex_percolation(g, vertices)
```

最大連結成分のノード数リストは, vertex_percolation の返り値タプルの第 1 成分に収められている.

同様に, さきほどのノードリストをランダムに並べかえ, そのリストによりノード除去を行い, 最大連結成分を計算する. これは Random failure に対応する.

```
rnd.shuffle(vertices)
```

1.7 最新でより強力な分析ツール： graph-tool

```
sizes2, comp = gt.vertex_percolation(g, vertices)
```

除去後に残ったノード数の除去前のノード数に対する割合と，除去後の最大連結成分の除去前の全ノード数に対する割合を計算し，それを Matplotlib によりプロットしよう（図 1.19）.

```
rem_nd_frac = [nd/total_nodes for nd in range(total_nodes)]
rnd_perc    = [frc/total_nodes for frc in sizes2]
trg_perc    = [frc/total_nodes for frc in sizes]

plt.figure(figsize=(7,3))
plt.plot(rem_nd_frac, rnd_perc, 'b-', label="Random failure")
plt.plot(rem_nd_frac, trg_perc, 'r--', label="Targeted attack")
plt.grid(True)
plt.title("Site percolation (N=10000, $\lambda$=2.5)")
plt.xlabel("Remaining node fraction")
plt.ylabel("Giant component fraction")
plt.legend(loc="upper left")
plt.show()
```

このように，べき指数 2.5 のべき則次数分布を持つ SF ネットワークでは，90%程

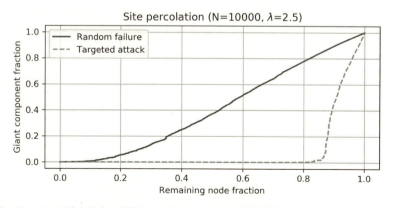

図 1.19 ノード生存確率の関数としてあらわした最大連結成分サイズのプロット．実線が Random failure, 破線が Targeted attack である．

度のノードをランダムに除去しても(少数であれハブが生き残っていさえすれば)残りのノードは依然として連結したままであるが,ハブからの選択的除去の場合は,ハブを含む15%程度のノードを除去するだけで,残りの80%以上のノードの連結性が失われてしまう.これがSFネットワークのアキレスの踵である.

1.7.5　次数相関を持つネットワークの頑強性

SFネットワークの持つアキレスの踵は,ノード間結合に正の次数相関を取り入れることによって改善することができる.ノード間結合の次数相関とは,次数kとk'のノードがランダムに結合するのではなく,ある傾向を持って結合するということで,同程度の次数同士のノード間結合が多い場合は正の次数相関(親和的次数相関,assortative),次数が大きく異なるノード間結合が多い場合は負の次数相関(排他的次数相関,disassortative)と呼ばれる.

次数相関は,ノード間結合確率

$$e_{kk'} = \frac{E_{kk'}}{E} \tag{1.6}$$

に現われる.ここで,$E_{kk'}$は,次数kとk'のノード間に張られたリンクの数であり,Eは全リンク数である.

次数相関の強さはこのノード間結合に関する相関係数

$$r = \frac{\sum_{k,k'} kk' \left(e_{kk'} - q_k q_{k'} \right)}{\sum_k k^2 q_k - \left(\sum_k k q_k \right)^2} \tag{1.7}$$

によって定量化できる.ここで,$q_k = \sum_{k'} e_{kk'}$は次数kを一方の端に持つリンクの存在確率である.この相関係数は-1と1の間の値を取り,正領域が親和的次数相関,負領域が排他的次数相関,0に近い値が無相関となる.$r \approx 1$の場合は,次数がほとんど同じノード間にしかリンクがない極端な「玉葱状構造 (onion structure)」に近づいていく[31].

graph-tool では,相関を持たないネットワークに対して,次数相関を考慮したリンクのランダムな張り替えを行うことによって,次数相関を取り入れたネットワークを確率的に生成することができる.まず,総ノード数10000,最小次数2,最大次数100,べき指数2.5の次数相関を持たないSFネットワークを,前節で定義した次数分布関数 sample_k(kmin, kmax) を用いて,以下のコマンドで生成する.

```
g = gt.random_graph(total_nodes, lambda:sample_k(2, 100),
                    directed=False)
```

---

[31] 本書 4.5 節も参照.

1.7 最新でより強力な分析ツール： graph-tool 43

　ここで，次数相関を取り入れる際のリンクの張り替えの際，大きな次数のノードがあまり多いと，張り替えがうまくいかない場合が多くなり，意図した通りの次数相関が得られなくなってくるため，最大次数は 100 とかなり小さ目に設定している.

　このネットワークの次数相関係数は関数 scalar_assortativity によって計算できる.

```
gt.scalar_assortativity(g, "out")
(-0.012544259694419392, 0.007299458671735444)
```

　この第 1 成分が相関係数で，0 に近い値となっており，ほぼ無相関であることが確認できる.

　次に，リンクの張り替えによって次数相関を取り入れる. 対象とするネットワークから 2 本のリンクを無作為に選ぶ. 一方のリンクの両端の次数を k_1 および k_2，もう一方のリンクの両端の次数を k_1' および k_2' としよう. この二つのリンクの終点を入れ替えたリンク $(k_1 \rightarrow k_2')$ と，$(k_1' \rightarrow k_2)$ について，その結合確率が

$$e_{k_s k_t} \propto \frac{1}{1 + a\,|k_s - k_t|} \tag{1.8}$$

に近づいていくようにリンクの張り替えを行っていく. ここで，k_s はリンク元次数，k_t はリンク先次数であるが，今は無向ネットワークを考えているので，特に区別する必要はない. この結合確率は，ノード除去に対するネットワーク頑強性の向上についての Wu と Holme の数値実験で用いられたものと同じである. 次数相関は正の実数パラメータ a でコントロールされ，$a = 0$ のときは無相関，a の値が大きくなるほど，強い正相関となる[32].

　ここでは，パラメータの値を 5 とする.

```
a = 5.0
```

　このパラメータ値を用いて，先ほどのべき指数 2.5 の SF ネットワークに正の次数相関を導入しよう. graph-tool では，random_graph によるネットワーク生成の際に，model および edge_probs を追加指定することで，2 本のリンクをランダムに選択し，edge_probs で指定した結合確率に従うようにリンクの張り替えを行ってくれる. 次のコマンドでのパラメータ値 model="probabilistic-configuration"は次数分布は変らないようにリンクの張り替えを行うことを指定するものである. また，n_iter=20 は，全リンクの走査を 20 ラウンド行って，各リンクを 20 回張り替

---
[32] 本書 4.5 節も参照.

44　第1章　Pythonを用いた複雑ネットワーク分析

えることで，ノード間の結合確率が統計的に指定されたものに近くなるようにして
いる（デフォルトは1である）．

```
g_5 = gt.random_graph(total_nodes,
                      lambda:sample_k(2, 100),
                      directed=False,
                      model="probabilistic-configuration",
                      n_iter=20,
                      edge_probs = lambda i, k: 1.0/(1 + a *
                      np.abs(i-k)))
```

このネットワークの次数相関係数を計算してみる．

```
gt.scalar_assortativity(g_5, "out")
(0.6852555734199763, 0.009616956020898283)
```

相関係数は0.69程度となり，強い正の次数相関が導入されていることがわかる．
これら無相関 (g) および正相関 (g_5) ネットワークについて，ランダムなノード除
去 (Random failure) およびハブからの選択的ノード除去 (Targeted attack) に対
するパーコレーションを前節にならって計算してみよう．まず，無相関ネットワー
クについては以下の通りとなる．

```
vertices = sorted([v for v in g.vertices()], key=lambda v:
v.out_degree())
sizes_tg, comp = gt.vertex_percolation(g, vertices)
rnd.shuffle(vertices)
sizes, comp = gt.vertex_percolation(g, vertices)
```

次に，正相関ネットワークについては以下の通りである．

```
vertices_5 = sorted([v for v in g_5.vertices()], key=lambda v:
v.out_degree())
sizes_5_tg, comp = gt.vertex_percolation(g_5, vertices_5)
rnd.shuffle(vertices_5)
```

1.7　最新でより強力な分析ツール： graph-tool　　45

```
sizes_5, comp = gt.vertex_percolation(g_5, vertices_5)
```

得られた結果を前節同様，除去前の全ノード数で規格化する．

```
rem_nd_frac = [nd/total_nodes for nd in range(total_nodes)]
nd_perc_0_rnd   = [frc/total_nodes for frc in sizes]
nd_perc_5_rnd   = [frc/total_nodes for frc in sizes_5]
nd_perc_0_trg   = [frc/total_nodes for frc in sizes_tg]
nd_perc_5_trg   = [frc/total_nodes for frc in sizes_5_tg]
```

これで計算完了である．graph-tool の諸関数のおかげで，記述は非常に簡潔で，
また計算も高速である．
　さて．Matplotlib によるプロットを行って，結果を見てみよう．まず，Random
failure については以下の通りである（図 1.20）．

```
plt.figure( figsize=(7,3) )
plt.plot(rem_nd_frac, nd_perc_0_rnd, 'b-', label="a=0")
plt.plot(rem_nd_frac, nd_perc_5_rnd, 'r--', label="a=5")
plt.xlabel("Remaining node fraction")
plt.ylabel("Giant component fraction")
plt.title("Random failure (N=10000, $\lambda$=2.5)")
plt.grid(True)
plt.legend(loc="upper left")
plt.show()
```

　無相関ネットワークに比べ，正相関ネットワークの方が最大連結成分のノード数
が小さくなっているが，それほどの違いはない．また，その最大連結成分が消滅す
る閾値は無相関の場合とほとんど違いがないのがわかる．
　次に，Targeted attack についてのプロットは以下の通りとなる（図 1.21）．

```
plt.figure( figsize=(7,3) )
plt.plot(rem_nd_frac, nd_perc_0_trg, 'b-', label="a=0")
plt.plot(rem_nd_frac, nd_perc_5_trg, 'r--', label="a=5")
plt.xlabel("Remaining node fraction")
```

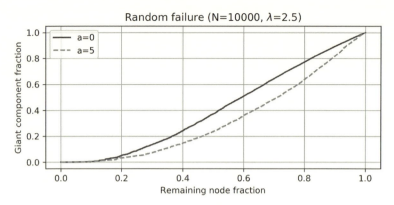

図 1.20 Random failure の場合のノード生存確率の関数としてあらわした最大連結成分サイズのプロット．実線 ($a = 0$) が無相関ネットワーク，破線 ($a = 5$) が正相関ネットワークである．

```
plt.ylabel("Giant component fraction")
plt.title("Targeted attack (N=10000, $\lambda$=2.5)")
plt.grid(True)
plt.legend(loc="upper left")
plt.show()
```

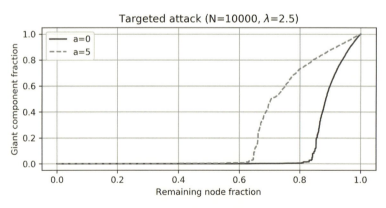

図 1.21 Targeted attack の場合のノード生存確率の関数としてあらわした最大連結成分サイズのプロット．実線 ($a = 0$) が無相関ネットワーク，破線 ($a = 5$) が正相関ネットワークである．

このプロットを見ると，正の次数相関の導入により，Targeted attack に対する

1.7 最新でより強力な分析ツール： graph-tool　47

頑強性が著しく改善されていることがわかる．無相関の場合は前節でも調べた通り，15%ほどのノード除去によって最大連結成分が消滅してしまうが，正相関ネットワークでは，無相関ネットワークと同じべき則の次数分布を持つにも関わらず，40%のノード除去によってようやく最大連結成分が消滅する．このように，次数分布が同じであっても，正の次数相関が大きくなるほど，SF ネットワークの Targeted attack に対する頑強性は大きい．

1.7.6　SIR モデル

graph-tool を用いたネットワーク分析例の最後として，SIR モデルのシミュレーションを紹介しよう[33]．

SIR モデルは，ネットワーク上での感染症伝搬に関するモデルの一つであるが，非常に応用範囲が広く，解析解の探索やさまざまな状況下での数値実験等，現在でも精力的に研究されている．

本節では，感染基盤となる社会ネットワークとして，graph-tool に組込みのデータセットであるネットワーク科学に関する論文の共著者関係を表わすネットワーク (netscience) を使おう[34]．

```
g = gt.collection.data["netscience"]
g = gt.GraphView(g, vfilt=gt.label_largest_component(g),
directed=False)
g = gt.Graph(g, prune=True)
```

このコマンド例では，まず組込みの netscience データセットを読み込み (1 行目)，ノードペア (i, j) の有向リンクに対して，必ず逆方向の (j, i) のリンクも存在するように，ネットワークを無向化し，単一の大きな連結成分として，最大連結成分のみを取り出し (2 行目)，その他の成分を消去している (3 行目)．

このネットワークの全ノード数と全リンク数は以下の通りである．

```
(g.num_vertices(), g.num_edges())
(379, 914)
```

---

[33] 本節の例は graph-tool 公式ホームページ内の SIR モデルを例とした解説 (https://graph-tool.skewed.de/static/doc/demos/animation/animation.html#sirs-epidemics) を参考とし，それを本編に合うように大幅に改変したものである．

[34] このネットワークのデータファイル (netscience.gml) は，ネットワークをテキストファイルで記述する形式の一つである GML (Graph Modelling Language) で格納されている．

48 第 1 章 Python を用いた複雑ネットワーク分析

このモデルでは，ネットワークのノードが感染可能状態（Susceptible, S, 要する
に感染前の健康状態），感染状態 (Infectious, I)，回復状態 (Recovered, R) の三つ
の状態のいずれかであるとする．以下の三つの定数により，この三状態を表わすこ
ととする．

```
S = 0
I = 1
R = -1
```

graph-tool では，Property と呼ばれるオブジェクトを付加することにより，ネッ
トワーク全体や各ノード，リンクの持つさまざまな属性を表現することができる．
ここでは，3 つの整数値で表わされた各ノードの状態を state という Property で
表わすことにする．対象とするネットワークオブジェクト g にはノードに新しい
Property を付加するメソッドとして new_vertex_property がある．ここでは三つ
の状態は整数で表わされているので，以下のコマンドで，整数型の Property をノー
ドに付加し，それを state と呼ぶことにしよう．

```
state = g.new_vertex_property("int")
```

次に，1 回の状態更新における，状態間の遷移確率を定義していく．
まず，状態 S のノードは確率 x = 0.001 で周りの状態に関わりなく感染状態 I へ
と遷移する．これは「自発的に」感染してしまう確率である．次に，感染状態 I は
確率 r = 0.1 で回復状態 R へと遷移する．これは治癒確率である（治癒には平均
として 10 回の状態更新の経過が必要であると考えてもよい）．最後に，回復状態 R
は確率 s = 0.01 で，免疫がなくなり，再び感染可能状態 S へと遷移する．

```
x = 0.001
r = 0.1
s = 0.01
```

また，本シミュレーションでは，あるノードが感染可能状態 S の場合，自発感染が
起こらなくても，そのノードの隣接ノード一つをランダムに選択し，その隣接ノー
ドが感染状態 I であれば元のノードへの感染が起こり，元ノードは感染状態 I へと
遷移すると考える．
以上のプロセスをまとめ，全ノードをランダムな順序で 1 回走査し，状態更新を

1.7 最新でより強力な分析ツール： graph-tool | 49

行う関数 update_state は次のように定義できる.

```python
def update_state():
    # 全ノードをランダムに並べかえる.
    vs = list(g.vertices())
    rnd.shuffle(vs)
    # 並べかえたノードリストを走査し状態更新を行う.
    for v in vs:
        # I→Rへの確率 r の遷移
        if state[v] == I:
            if rnd.random() < r:
                state[v] = R
        # S→Iへの遷移
        elif state[v] == S:
            # 確率 x の自発感染
            if rnd.random() < x:
                state[v] = I
            # ランダムに一つ選んだ隣接ノードからの感染
            else:
                ns = list(v.out_neighbors())
                if len(ns) > 0:
                    w = ns[rnd.randint(0, len(ns))]
                    if state[w] == I:
                        state[v] = I
        # それ以外の場合，つまり R→S への
        # 確率 s の遷移
        elif rnd.random() < s:
            state[v] = S
    return
```

ある時点での全ノード中に状態Sがどの位あるかは，下記コマンドでカウントできる.

```
list(state.a).count(S)
379
```

50　第 1 章　Python を用いた複雑ネットワーク分析

これらを用いて，全ノードが状態 S である初期状態から 1000 回の状態更新を行いながら，各更新時の三状態数をカウントしてリストに追加していくルーチンは以下の通りとなる．

```python
# 状態の初期化
for v in g.vertices():
    state[v] = S


# 更新回数の設定
max_itr = 1000


# 結果を収める三つのリストを初期化
suscept_st = []
infect_st  = []
recov_st   = []


# 指定回数だけ状態更新を行いながら,
# 三つ状態それぞれのノード数を全ノード数で規格化したものを
# 結果リストに追加していく.
for updt in range(max_itr):
    update_state()
    suscept_st.append( list(state.a).count(S)/g.num_vertices() )
    infect_st.append( list(state.a).count(I)/g.num_vertices() )
    recov_st.append( list(state.a).count(R)/g.num_vertices() )
```

これでシミュレーションは終了である．結果を以下のように Matplotlib でプロットする（図 1.22）．

```python
plt.figure( figsize=(7,3) )
plt.plot(suscept_st, 'b-', label="S")
plt.plot(infect_st, 'r--', label="I")
plt.plot(recov_st, 'g-.', label="R")
plt.title("SIR dynamics on the netscience network")
plt.grid(True)
```

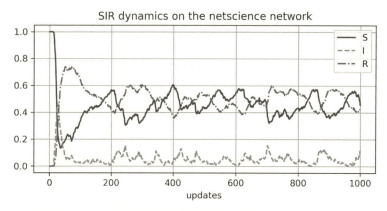

図 1.22 状態更新ステップ数を横軸としてプロットした各状態のノード数．実線が状態 S，プロット内最下方の破線が状態 I，一点鎖線が状態 R である．

```
plt.legend(loc="upper right")
plt.xlabel("updates")
plt.show()
```

この結果から，開始時からの過渡的な状態を過ぎると，S，I，R の三つの状態がそれぞれの平均値の回りで振動する様子がわかる．

1.8 計算の高速化

Python はインタプリタ型言語であるため，実行速度が遅いという欠点があるが，高速化ツールとして，現在では Cython や Numba 等のツールが開発されている．これらのツールによって，どの程度の高速化が期待できるかについて調べてみよう．

1.8.1 実行時間計測ツール

プログラムの高速化を図る場合，実際の実行時間，メモリ使用量を実測し，高速化作業が実際に効果を上げているかを定量的に把握することがまずは重要である．

関数の実行時間の計測に最もよく用いられるのは timeit モジュールだろう．実は，ここまででも用いてきた Jupyter でのマジックコマンド %%timeit は，明示的にこのモジュールを読み込むことなく実行時間の計測を行うものであった．

まず，NumPy での解説でも用いた，Python のリストを用い，愚直に二重 for ループを回すだけで，行列とベクトルのかけ算を行う試行関数を再度定義し，時間

52 　第 1 章　Python を用いた複雑ネットワーク分析

計測を行ってみよう.

```python
def mat_vec_product_python(mat, vec):
    row = len(mat)
    col = len(vec)

    res = []
    for i in range(row):
        tmp_res_comp = 0
        for j in range(col):
            tmp_res_comp += mat[i][j] * vec[j]
        res.append(tmp_res_comp)

    return res
```

次に Python の組込みデータ型であるリストを用いて次元数 10000 のベクトル
を用意する. 成分はすべて 1 とする.

```python
dim = 10000

vec = []
for i in range(dim):
    vec.append(1)
```

また, 同じくリストを用いて, 次元数 10000 × 10000 の行列を用意する. 成分は
すべて 2 とする.

```python
mat = []
for i in range(dim):
    row = []
    for j in range(dim):
        row.append(2)
    mat.append(row)
```

この mat と vec を用いて, さきほどの関数 mat_vec_product_python を実行し,

実行時間を測定してみよう.

```
%%timeit
mat_vec_product_python(mat, vec);
10 s ± 77.2 ms per loop (mean ± std. dev. of 7 runs, 1 loop each)
```

上のように,筆者の環境ではこの関数の実行に 10 秒を要している.この程度の規模の行列とベクトルの乗算に 10 秒を要するようでは,Python は使いものにならないと判断されてもしかたがないだろう.

この関数の高速化に進む前に,プログラム実行の際に,どの関数が何回呼ばれ,それがどの程度の時間を要しているかを測定するためのモジュール cProfile について簡単に触れておく.まず,モジュールをインポートしよう.

```
import cProfile
```

このモジュール内の run 関数に実行させたい関数を文字列として渡すと,その関数がどのように実行されたかを出力してくれる.

```
cProfile.run('mat_vec_product_python(mat, vec)')
      10006 function calls in 10.179 seconds
      Ordered by: standard name
```

ncalls	tottime	percall	cumtime	percall	filename:lineno(function)
1	10.177	10.177	10.179	10.179	\<ipython-input-2- ... python)
1	0.000	0.000	10.179	10.179	\<string\>:1(\<module\>)
1	0.000	0.000	10.179	10.179	{built-in method builtins.exec}
2	0.000	0.000	0.000	0.000	{built-in method builtins.len}
10000	0.001	0.000	0.001	0.000	{method 'append' of 'list' objects}
1	0.000	0.000	0.000	0.000	{method 'disable' of ... objects}

この出力において,ncalls は関数の呼び出し回数,tottime はその関数自体の CPU 実行時間(つまり,その関数が別の関数を呼び出している場合,その別の関数の実行時間は含まない),percall は呼び出し 1 回当りの CPU 実行時間,cumtime は呼び出した別関数の実行時間も含めた CPU 実行時間,percall は別関数実行時間も含め呼び出し 1 回当りの CPU 実行時間,最後が,実行されたファイルあるいはソースコードの部分である.

この結果から,10 秒ほどの実行中,関数の呼び出しが 10006 回あることがわか

54 | 第 1 章 Python を用いた複雑ネットワーク分析

る．その内の 10000 回は，結果として返すベクトルの要素を一つずつ付け加える関数 append の呼び出しである．ただし，この関数の実行時間そのものは 0.001 秒とそれほど多くはない．実は，for ループは外部関数ではないため，その実行時間は関数自体の実行 exec の cumtime での 10.179 秒に現れている．

1.8.2 Cython

前節の関数の高速化を考えよう．ここでは，Python 関数で用いられる変数に型情報を付加したのち，それを C 言語化してコンパイルするモジュール Cython を使ってみよう [35]．Cython は他の多くのモジュール同様 PyPI 中の pip コマンドによりインストールできる．また，Anaconda パッケージには最初から含まれている．Jupyter ノートブック環境では Cython を使うのは非常に簡単である．まず，下記のコマンドで，Cython モジュールを使用可能にしよう（インポートではないことに注意）．

```
%load_ext Cython
```

Cython モジュールのロードが成功すれば，Jupyter のマジックコマンド cython により，同一セル内で，その後に続く関数を可能な限りの型付けを行った後，C 言語に翻訳し，コンパイルして，Python 関数として使用可能にしてくれる．実は，前節で定義した mat_vec_product_python のソースコードはそのままで Cython の入力として使用可能で，そのままコンパイルできる．区別するために，関数名を mat_vec_product_cython と変更しておこう．

```
%%cython
def mat_vec_product_cython(mat, vec):
    row = len(mat)
    col = len(vec)

    res = []
    for i in range(row):
        tmp_res_comp = 0
        for j in range(col):
            tmp_res_comp += mat[i][j] * vec[j]
        res.append(tmp_res_comp)
```

---
[35] https://cython.org/

```
    return res
```

使用可能になった `mat_vec_product_cython` の実行時間を計測してみる.

```
%%timeit
mat_vec_product_cython(mat, vec);
3.79 s ± 50.3 ms per loop (mean ± std. dev. of 7 runs, 1 loop each)
```

これを見ると,実行時間は 3.8 秒であるから,純粋な Python 関数の実行時間 10 秒と比べると,同じソースコードであるが Cython を用いただけで,計算速度が 2.6 倍になったことがわかる.

さらに,行列とベクトルを NumPy のデータ型である ndarray とし,関数の返り値,引数,内部変数のすべてに型情報を付加してコンパイルしてみる.

```
%%cython

import numpy as np
cimport numpy as np

import cython
cimport cython

@cython.boundscheck(False)
@cython.wraparound(False)
@cython.nonecheck(False)
cpdef np.ndarray[double, ndim=1]
mat_vec_product_more_cython(double[:,:] mat, double[:] vec):
    cdef int row = mat[0].size
    cdef int col = vec.size

    cdef np.ndarray[double, ndim=1] res = np.empty(col)
    cdef double tmp_res_comp
    cdef int i, j
```

第1章　Python を用いた複雑ネットワーク分析

```
    for i in range(row):
        tmp_res_comp = 0.
        for j in range(col):
            tmp_res_comp += mat[i][j] * vec[j]
        res[i] = tmp_res_comp

    return res
```

次元数 10000 の NumPy 配列によるベクトルを下記のように用意する．成分は
さきほどの例と同じくすべて 1 である．

```
dim = 10000
vec_np = np.full( dim, 1. )
```

また，次元数 10000 × 10000 の NumPy 配列による行列を下記のように用意す
る．成分はさきほどの例と同じくすべて 2 である．

```
mat_np = np.full( (dim, dim), 2. )
```

これらを用いて，型付け情報を付加して Cython を用いてコンパイルした関数
mat_vec_product_more_cython の実行時間を計測してみる．

```
%%timeit
mat_vec_product_more_cython(mat_np, vec_np);
86 ms ± 668 µs per loop (mean ± std. dev. of 7 runs, 10 loops each)
```

これを見ると，実行時間は 86 ミリ秒であるから，もとの Python 版と比べ計算
速度が約 120 倍となっている．これなら十分実用に堪えると言えるだろう．

最後に，もうお気づきの読者も多いと思うが，この行列とベクトルの乗算はもち
ろん NumPy 演算子 @ によって行うことができる．実行時間を計測してみよう．

```
%%timeit
mat_np @ vec_np
39.2 ms ± 213 µs per loop (mean ± std. dev. of 7 runs, 10 loops each)
```

1.8 計算の高速化 57

したがって，今の場合は Numpy 関数を用いるのがさらに 2 倍ほど早いことになるのだが，ここでは，Cython による高速化により，自作関数が NumPy 関数と同程度の計算速度となったことに注目してほしい．Cython が真価を発揮するのは，もちろん NumPy が対応していないルーチンの高速化である．

1.8.3 Numba

Python の高速化についてのもう一つの選択肢として Numba を紹介しよう．これは NumPy 配列 ndarray を取り扱う関数を使用する直前に C 言語に翻訳してコンパイルを行い，以降はそのコンパイルされたバイナリを実行することで高速化を図るものである．ただし，使用するコンパイラ基盤として GCC ではなく LLVM を用い，コンパイル時，リンク時，実行時のあらゆる段階で最適化を行っている．

まず，試行関数として，ある大きな行列の成分すべての和を求める関数を定義しよう．この試行関数では，Python の二重 for ループによって和を求めるため，計算には多大な時間を要する．

```python
def sum_matrix(mat):
    m, n = mat.shape
    result = 0.0
    for i in range(m):
        for j in range(n):
            result += mat[i, j]

    return result
```

次に，この関数が作用する次元数 10000×10000 の行列を用意する．

```python
dim = 10000
mat_np = np.full( (dim, dim), 2. )
```

実行時間を計測してみよう．

```python
%%timeit
sum_matrix(mat_np)
17.5 s ± 220 ms per loop (mean ± std. dev. of 7 runs, 1 loop each)
```

58 　第 1 章　Python を用いた複雑ネットワーク分析

このように，筆者の環境では実行に 17.5 秒を要した.

この関数を Numba によって高速化してみよう．Numba モジュール中の関数 jit (Just-In-Time) をインポートしたのち，さきほど定義した関数とまったく同じソースコードを持つ関数に，この jit 関数をデコレータとして付加し定義してみる.

```
from numba import jit
# jit デコレータによってこの関数を Numba でコンパイルする
@jit
def sum_matrix_jit(mat):
    m, n = mat.shape
    result = 0.0
    for i in range(m):
        for j in range(n):
            result += mat[i, j]

    return result
```

実行時間を計測してみよう.

```
%%timeit
sum_matrix_jit(mat_np)
89.7 ms ± 2.85 ms per loop (mean ± std. dev. of 7 runs, 1 loop
each)
```

実行時間は約 90 ミリ秒となり，Numba による Just-In-Time コンパイルによって，計算速度は 194 倍となった．このようにソースコードに何ら手を加えなくても，計算速度の大幅な改善が可能となるのが Numba の強みである．もちろん，いつでもこれほどまでの計算速度の改善が期待できるわけではない．Numba は NumPy 配列 ndarray を用いる計算の高速化の場合に特に有効であることを付記しておく.

1.9 おわりに

本章では Python を用いた複雑ネットワーク分析に必要となるモジュールとその使用例を紹介した．現在，続々と開発されているさまざまなモジュールをうまく組み合わせて活用することにより，Python を用いて，必要となる数値計算やシミュレーションを比較的短時間でコーディングし実行することができる．複雑ネットワーク分析では，大規模なネットワークの構築，ノードやリンクの除去や付加，平均経路長等の特徴量計算，連結成分やコミュニティの探索等，さまざまな関数が必要となるが，本章で紹介した graph-tool はこれらをすべて備え，しかも高速である．ビッグデータの統計処理や機械学習では，今や Python は主要開発言語の一つとなったが，複雑ネットワーク分析においても Python は第一線の研究者の要求に十分応え得るものと言ってよいと思う．

コラム 1：より詳しく学ぶための参考図書

第 1 章では，参考文献および URL を脚注として本文内に記載しているので，このコラムでは本章でカバーされている内容をさらに掘り下げて学びたい読者の参考になりそうな書籍を挙げておく．これらの他にも有用なものはもちろん沢山あるが，筆者が実際に用いているものに限定した．

- 科学技術計算のための Python 入門 - 開発基礎，必須ライブラリ，高速化中久喜健司（著），技術評論社，2016 年発行
- Python ユーザのための Jupyter ［実践］入門，池内 孝啓，片柳 薫子，岩尾エマ はるか，@driller（著），技術評論社，2017 年発行
- 現場で使える! NumPy データ処理入門 機械学習・データサイエンスで役立つ高速処理手法，吉田 拓真，尾原 颯（著），翔泳社，2018 年発行
- エレガントな SciPy - Python による科学技術計算，Juan Nunez-Iglesias, Stefan van der Walt, Harriet Dashnow（著），山崎 邦子，山崎 康宏（訳），オライリージャパン，2018 年発行
- Python によるデータ分析入門（第 2 版）- NumPy, pandas を使ったデータ処理，Wes McKinney（著），瀬戸山 雅人，小林 儀匡，滝口 開資（訳），オライリージャパン，2018 年発行
- Python データサイエンスハンドブック - Jupyter, NumPy, pandas, Matplotlib, scikit-learn を使ったデータ分析，機械学習，Jake VanderPlas（著），菊池 彰（訳），オライリージャパン，2018 年発行
- ハイパフォーマンス Python，Micha Gorelick, Ian Ozsvald（著），相川愛三（訳），オライリージャパン，2015 年発行
- Cython - C との融合による Python の高速化，Kurt W. Smith（著），中田秀基，長尾 高弘（訳），オライリージャパン，2015 年発行

また，Python を用いたネットワーク分析に関する類書として，下記の書籍が発行されている。本書では簡単に解説した NetworkX によるネットワーク分析の基礎が解説されており，本書を補完するものと言える。

- Python で学ぶネットワーク分析: Colaboratory と NetworkX を使った実践入門，村田 剛志（著），オーム社，2019 年発行

第2章

ネットワーク分析指標の経済系への応用

　近年，人々の SNS 上でのコミュニケーションやオンライン購買，移動ログ，企業内・企業間のオペレーションなど，私たちの社会生活に密接に関わるさまざまなデータの利活用性は飛躍的に向上している．これに伴い，物理学，数学，工学，コンピュータサイエンスといった自然科学系の研究者が，社会科学系の課題を盛んに扱うようになってきた．

　ネットワーク科学のアプローチによる研究も然りである．ネットワーク科学にはもともと，自然科学分野で発展してきた複雑ネットワーク科学と，社会科学分野で発展してきた社会ネットワーク科学の，大きく 2 つの潮流があった．それが近年の「社会科学系データの大規模化・複雑化」により，大規模データの扱いをより得意とする複雑ネットワーク科学の指標やモデルが，社会科学系の課題に適用・応用されるようになっており，目覚ましい成果を挙げている．

　本章では，社会科学の中でも特に，経済学・経営学に焦点を当てる．これらの分野で長年議論され研究されてきた重要な課題に対して，ネットワーク科学の指標や概念がどのように応用され，どのような新しい知見をもたらして分野の発展に貢献しているのかについて，いくつかの事例を通して紹介する．

2.1 はじめに

2.1.1 ネットワーク科学の3つのアプローチ

ネットワーク科学の醍醐味は，何と言っても真の学際性 (interdisciplinarity) にある．世の中に溢れている要素間の複雑な関係性が織りなす系（システム）— インターネット，交通網，脳，生物の捕食関係，人間関係，… — をネットワークとして捉えて記述することで，分野の壁を超越した様々な新しい知見を創出してきた．ここ 20 年余りで飛躍的に発展し，まだまだ発展を続けるこの学問領域の歴史を，一言で表すのはもちろん不可能であるし，多分野の人が関わる領域である以上，多様な観点からのまとめがあり得るのが当然であろう．ここでは，当該領域の研究が大きく言えば次の3つのアプローチで発展してきた，と捉える：

① 様々なネットワークに共通した普遍的特徴を見出すこと
② それらの特徴がどのようなメカニズムで現れるのかを明らかにすること
③ それらの特徴の実社会的な意味や，そこから得られる知見を追究すること

例えば，次数（ノードが持つエッジの数）の分布がべき乗則に従う Scale-Free (SF)性は，World Wide Web，生物の代謝系，研究者の論文の共著関係など，多種多様なネットワークに共通する普遍的特徴として指摘され（①），それが生まれるメカニズムとして，「優先的選択原理 (preferential attachment)」のモデル等が提案されてきた（②）．そして，このような特徴を持つネットワークは，ランダムに選択されたノードへの攻撃（或いはノードの故障）に対しては強いが，ハブへの攻撃には弱いという頑健性についての知見が，数理的に導かれた（③）（SF 性については，本書 1.7.4 項および [1] を参照）．

この一連の流れは，ネットワーク科学研究の学際性に大きく貢献した．どんなネットワークであっても，もし要素間の関係性に SF 性が見つかれば，その生成原理を推測することが出来るわけである [1]．また，もしハブに問題が生じたら，ネットワーク全体が機能しなくなる恐れが大きいと予測することも出来る [2]．このように，アナロジーを利用する—つまり，ある領域で得られた（または数理的に導き出された）知見を，未知の問題領域に適用する—ことで，ネットワーク科学は，さまざまな分野の複雑で難解なシステムに応用先を広げてきた．

しかし，近年のネットワーク科学のさらなる発展・成熟に伴い，SF 性や Small-

---

[1] ただし，ノード間の新たな接続が優先的選択原理に従うならば，それは SF 性（べき乗則に従う次数分布）を導くが，だからといって，ネットワークが SF 性を有すればその生成原理は必ずしも優先的選択原理であるとは限らない．つまり，優先的選択原理はあくまで SF 性をもつネットワークの生成原理の一可能性であることに留意が必要である．

World (SW) 性といった普遍的特徴（① ）を見つけて喜ぶ時代は去った[2]．ある
システムに SF 性があることが分かり，生成原理や頑健性についてのある程度の示
唆が得られても，やはりそれだけではそのシステムを理解したことには到底ならな
い．学術的・実用的価値を得られるレベルまでシステムを理解するためには，個々
のシステム特有の背景や条件を考慮した上で,生成原理や実社会的知見の追究（②，
③ ）をしなくてはいけない．

2.1.2　ネットワーク科学と社会科学

冒頭で触れたとおり，近年は，大規模な社会データを用いて社会科学系の課題を
扱おうとするネットワーク科学研究が盛んになっている．社会科学とは，大きく言
えば人間系が絡むシステムを扱う科学である．人間や組織がそれぞれ自律的に意思
決定・行動し，相互に影響し合う，とても複雑なシステムを研究対象にしている．そ
こに存在する問題は，自然科学とは異なり，数理的記述できれいに表現したり解を導
出したりすることが困難なものばかりである．さらに，全く同じ条件でシステムを
再現して実験することも出来ないし，見たいものを直接観察する事も出来ない（例え
ば，ある店でどのような属性の人々が何を買ったかは観察できたとしても，彼らが
なぜその店・その商品を選んだのか，どのような趣味嗜好を持っているのかは直接
観察出来ない．また，「もし仮にその店に別の商品があったら」というシナリオを，
全く同じ人々に同条件で来客してもらって試すようなことも，もちろん出来ない）．

それ故，アナロジーを適用し，システムの特徴を調べることでその生成原理や実
社会的意味に関する洞察を得ることができるネットワーク科学は，非常に有用であ
る．ただしその一方で，社会科学系の問題の複雑さに十分な注意を払わず，数理的
なモデルを闇雲に当てはめてしまったり，別のシステムで多く見られる特徴だから
といって，（実際には観察できないのにもかかわらず）社会系にも共通するであろう
と盲信してしまうと，大事な本質を見落としたり見誤ったりしてしまいかねない．

この「ネットワーク科学の学際性が孕む危険性」を回避するためには，社会科学分
野の専門的知識やその分野に蓄積された知見を十分に汲み入れ，他分野の指標やモ
デルをただアナロジカルに適用するのではなく，そのシステムに合った形に拡張・
展開することが重要である．

2.1.3　本章の構成

本章で紹介する研究例は，社会科学分野の専門的知見とネットワーク科学の知見

---

[2] さらに言えば，ノードの属性やノード間の関係性にべき乗分布が観察され，従って SF 性がある
と過去に報告されたシステムの大半が，実は数理的には厳密にこの性質を満たさないことが，最近
の研究で指摘されている．べき乗則の数理的検定手法の詳細については [3] [4] [5] を参照．SF
性に関する最近の議論については，[6] を参照．

をうまく融合させた好例のいくつかである．これらの例では，他分野のネットワーク分析や数理モデルをもとに提案された指標や概念をさらに発展させることで，社会科学の本質的で困難な課題を追究し，新たな知見を生み出すことに成功している．

　もちろんそのような成功例は，社会科学の様々な領域に多々存在するが，本章では経済・経営の例に話題を絞る．人や組織の経済行動によって織りなされるシステムは，「複雑適応系 (Complex Adaptive System: CAS)」の典型であるとされる．CAS とは，複雑系の中でもとりわけ，多様な複数の要素（人，企業，金融機関，…）から成り，さらにそれらの要素が経験から学んで変化・適応していくようなシステムである[3]．経済の複雑性をなんとか理解すべく，古くからの経済学は，経済主体個々の行動を説明しようとするミクロ経済学と，その総和としての振舞いを説明しようとするマクロ経済学に分かれて発展してきた歴史がある．しかし，経済主体同士が相互に影響を与え合い，その結果として経済システム全体の挙動が生まれ，さらにそのシステム全体の挙動が個々の経済主体に影響・制約を与える（このような原理を「創発 (emergence)」と呼ぶ）ことは，誰しも異論のないところであろう．すなわち，主体（ミクロ）間の関係性を捉え，そこからシステム全体（マクロ）がどのように生成され，その特徴からどのような示唆が得られるのかを追究するネットワーク科学は，まさにミクロとマクロを繋ぐ新たなアプローチとして，経済学に革新的な貢献をしており，きっと今後もさらに貢献していくと考えられる．

　本章では，次の 3 つの対象に関する研究例を紹介する：

- 経済システムのシステミック・リスク（2.2 節）
- 国家の経済発展（2.3 節）
- 企業間サプライチェーン（2.4 節）

本章ではこれらの例について，経済学・経営学分野に蓄積された既存知見や理論を踏まえた上で，ネットワーク分析指標や概念がどのように拡張・応用され，それによってどのような新たな知見が創出されたのかについて説明する．

2.2　経済システムのシステミック・リスクに関するネットワーク研究

2.2.1　システミック・リスク

　システミック・リスクとは，システムの一部分に何らかの機能不全が生じた際に，

---

[3] 複雑系研究のメッカとされる，サンタフェ研究所 (Santa Fe Institute) の研究者らにより提唱された用語である．

その影響が他の部分にも連鎖的に波及してゆき，システム全体の機能に打撃を与えるリスクのことである．経済システムにおいては，ある企業や金融機関で発生した危機が，他の銀行や金融市場へ伝播し，それが国中さらには世界中に波及するリスクのことを指す．これはまさに，2008-2009 年の世界金融危機（リーマン・ショック）で起きたことであり，以来，経済システムのシステミック・リスクに関する研究が数多くなされてきた．

なぜこのような事態が起き得るのか．それは，現代の経済システムでは，世界中の企業や金融機関が資金決済や取引の関係を通して相互に結ばれ，ネットワークを形成しているからである．2.1.3 項で触れたとおり，経済システムはまさに複雑適応系である．このようなシステムで起きる現象を解明したり将来予測したりするためには，各経済主体をミクロ的に見たり，システム全体をマクロ的に見たりするだけでは不十分である．経済システムを複雑ネットワークとして捉え，ミクロとマクロを繋ぐメカニズムを追究することが重要である．

2.2.2　社会的情報カスケードモデルの応用

経済システムを複雑ネットワークとして捉えたとき，小さな初期ショックが連鎖を通じてシステム全体に伝播していく様子は，人同士の関係性が織りなす社会ネットワークにおける情報カスケードと同様に捉えることができる．情報カスケードとは，人々がそれぞれ自分自身の考えをもとに意思決定するのではなく，周りの人の意思決定を模倣することで，情報が人々の間を伝播し普及していく現象である．これにより，例えば低予算の映画や音楽が，口コミで評判が広がって大きなヒットになる，といったことが起きる（本書 4.1 節も参照）．

カスケードがシステム全体にまで拡がるのか否か，誰が影響を受けるのか／受けないのかといったことは，ネットワークの構造によって異なる．これを数理的に表現したのが，Watts (2002) が提案した社会情報カスケードモデル [7] である．このモデルは，ネットワークの構造を考慮した閾値モデル（本書 4.2.3 項も参照）である．エッジで繋がれた各ノードは 0 か 1 のいずれかの状態をとり，それぞれ閾値 ϕ をもつ．そして，状態が 0 のノードは，各時間ステップにおいて，隣接ノードのうち状態 1 をとるものの割合が ϕ 以上である場合に，自身の状態を 1 に更新する．この単純な操作を繰り返すことで，時間ステップ $t = 0$ 時点では状態 1 をとるノードはごく僅かであったのが，時間経過に伴いエッジを介して影響が広がり，最終的には状態 1 のノードがネットワーク全体に広がる様子 (global cascades) が再現できる．この論文では，global cascades を発生させるネットワーク構造と閾値の条件について解析的に議論している．

このモデルは，拡張され様々な現象の説明に用いられている．経済システムのシ

ステミック・リスクの表現に応用した例として先駆的なのは，Gai-Kapadia モデル [8] である．このモデルでは，ネットワークのノードは金融機関（銀行）であり，任意の 2 機関の間に金融上の依存関係がある場合に，それらのノードはエッジで繋がれる．そして，初期のごく一部の金融機関のデフォルト[4] が，ネットワーク上の多数の金融機関のデフォルトを連鎖的に引き起こす条件を導出した．その後もこの Gai-Kapadia モデルに続き，特に銀行間取引ネットワークにおけるデフォルトのカスケードを表現するモデルがいくつか提案されている（例えば，Gai-Kapadia モデルをさらに一般化した [9] 等）．

2.2.3 DebtRank

しかしながら，情報カスケードのアナロジーをそのまま適用しただけでは，経済システムで起きるシステミック・リスクはうまく捉えきれない [10]．現実には，少数の金融機関の経営破綻が経済システム全体を崩壊に追いやるような事態は，滅多に起き得ない．その一方で，システムにとって「重要な」金融機関が，経営破綻しなくとも経営不振に陥っただけで，その負の影響が増幅されてシステム全体に拡がる，ということはより頻繁に起き得る．つまり，ノード（金融機関）の状態は 0 か 1（健全か経営破綻か）の 2 状態ではなく，その中間の状態をとるし，各ノードは中間状態（健全ではないが存続している状態）の近傍ノードの影響も受けるのである．

この点を指摘し，金融機関がデフォルトに陥る前段階での負債の影響が，システム全体にどのように伝播するのかを金融機関毎に定量化し，それによって各機関の「重要度」（すなわち，他のノードへの影響力）を測ることができるようにしたのが，DebtRank と呼ばれる指標である [11]．この指標の登場により，金融ネットワークのシステミック・リスク研究は大きく発展したと言える．

この指標は，各ノードの重要度を，近傍の他のノードの重要度を考慮して決める，いわゆるフィードバック型の中心性指標である．このような中心性指標で最も有名なのは，Google が開発した PageRank である（3.2.2 項-(7) 参照）．DebtRank は PageRank に着想を得たものであり，アルゴリズムも非常に似ているため，DebtRank の詳細を説明する前に，先にこれらの相違点を簡単に述べておく．PageRank は，各ウェブページの重要度を測る際に，「重要なページからのリンクは価値が高い」という考えのもと，被リンク先のページの重要度を考慮して計算する．この計算は，ネットワーク上の全てのノードに対して同時的におこなわれる．それに対して DebtRank は，始点となるノードを限定し，そのノードの影響の伝播を測る．その始点ノードの影響により，他のノードの状態は変化し，その影響が伝播してゆく．そして巡り

---

[4] デフォルトとは金融用語であり，債券の発行者が破綻などの理由により，元本や利息の支払いを停止したり，元本の償還が不能となる状況を指す．「債務不履行」と訳される．

巡ってまた始点ノードに影響を与えることもあり得る.

なお，DebtRank もこの PageRank と同様,「ランク」と名前がついているが，それ自体はランキングではなく，各ノードに重要性（中心性）の指標値を与えるものである（もちろん，ノードを指標値の高い／低い順に並べることでランキングを生成することは可能である).

DebtRank のアルゴリズムは以下の通りである.

金融ネットワークを，ノード数 N の重み付き有向グラフとして捉える．各ノード $i = 1, 2, ..., N$ は金融機関（以下，簡単のため「銀行」と表記する）であり，エッジは銀行間の依存関係を表す．銀行 j の資産のうち，i の投資額を A_{ij} とする．システム全体では，i の投資による資産総額は $A_i = \Sigma_l A_{il}$ となる.

次に，i の自己資本（より正確には，中核的自己資本）を E_i とする．この自己資本は，何らかのショックが起きた際のバッファとして機能する．すなわち，ある正の閾値 γ に対して，$E_i \leq \gamma$ となったときに初めて i はデフォルトに陥る．i がデフォルトに陥ると，i に投資している j は損失 A_{ji} を被る．そしてもし $A_{ji} > E_j$ であれば，j もデフォルトに陥ることになる．$A_{ji} \leq E_j$ であればデフォルトには陥らないが，財務状況が悪化し，金融用語で言う「distressed：ディストレス（困窮した，行き詰まった）」状態となる.

さらに，i が j に与える影響の経済的価値を定義する．まず，i が j に与える負の影響 W_{ij} は，$W_{ij} = min\{1, A_{ji}/E_j\}$ と書き表わせる．つまり，j がデフォルトに陥ってしまえば，i から受けた負の影響は最大値の 1 となり，そうでなければ，受けた損失が自己資本に対して占める割合であると捉える．一方，j の経済的価値 v_j は，$v_j = A_j/\Sigma_l A_l$ と表すことができる．よって，i の j への影響の経済的価値は $I_{ij} = W_{ij}v_j$ となり，システム全体の経済的価値のうち，i の影響によるものの総量は，次式で記述できる.

$$I_i = \Sigma_j W_{ij}v_j. \tag{2.1}$$

ここまでは，i が直接取引のある銀行に及ぼす影響だけを考慮したが，前述のとおり DebtRank 指標では，ネットワークを通じた 2 ステップ以上先への影響の伝播を考慮に入れる．あるノードが別のノードへ及ぼす影響は，ネットワーク上の距離が遠くなるほど減衰すると考えられるから，i がシステムに及ぼす影響は，減衰係数 $\beta(0 < \beta < 1)$ を用いて次のように書き下せる.

$$I_i = \Sigma_j W_{ij}v_j + \beta\Sigma_j W_{ij}I_j. \tag{2.2}$$

この漸化式の第 1 項は式 (2.1) であり，第 2 項は近傍ノードを介した間接的影響を表している.

68 第2章 ネットワーク分析指標の経済系への応用

　ここで生じる問題として，任意のノード間に環状すなわち両方向の関係性が存在
すると（$W_{ij} > 0$ かつ $W_{ji} > 0$），i が j に及ぼす影響がまた i に影響を及ぼし…と
いう無限のループに嵌ってしまう．仮にこれを全て計算に入れ，あるノードが別の
あるノードに与える影響を複数回カウントしてしまうと，影響が1より大きくなる
矛盾が生じ得る．よって，i から波及した影響が i 自身に戻ってくるのは1度のみ
とするのが数理的にも妥当である（本書 4.2.1 項の Non–backtracking も参照）．ま
た，i から波及した影響が i 自身に戻って来る場合以外にも，i の DebtRank を測る
際には，i からの影響伝播の経路上に環状の関係性（ループ）が存在することに注
意が必要である．もし，エッジを取り除くことでこの環状の関係性を壊して，ネッ
トワークを非巡回グラフとして扱ってしまうと，本来はそこで負の影響が増幅され
るのに，その効果を過小評価してしまうことになりかねない．これを回避するため，
ネットワーク自体には手を加えずに巡回性は保持したまま，1つの経路が同じエッ
ジを複数回通る場合にはその経路を計算から除外することとする．

　具体的な影響伝播のプロセスは，以下のように記述される．任意のノード i につ
いて，2つの状態変数 $h_i(t)$ と $s_i(t)$ を定義する．ここで，t は離散時間ステップで
あり，$h_i(t) \in [0, 1]$ は時間 t における i のディストレス（財政的負荷）の程度であ
る．$h_i(t) = 1$ は，i がデフォルトに陥ることを意味する．$s_i(t) \in U, D, I$ は，i の
時刻 t での状態を表す離散変数であり，U（Undistressed：ディストレスではない，
つまり財政的負荷を受けていない），D（Distressed：ディストレス，財政的に負荷
を受けて困窮している），I（Inactive：機能していない）を意味する．

　初期（$t = 1$）の状態においてディストレス状態にあるノードの集合を S_f とした
とき，各ノード i の状態は次の通りである：

$$h_i(1) = \begin{cases} \psi & (\forall i \in S_f) \\ 0 & (\forall i \notin S_f) \end{cases},$$

$$s_i(1) = \begin{cases} D & (\forall i \in S_f) \\ U & (\forall i \notin S_f) \end{cases}.$$

ここで $\psi \in [0, 1]$ は，初期のディストレスの程度を表している．

　このとき影響伝播のダイナミクスは，各時間ステップ t に $h_i(t)$ と $s_i(t)$ を以下の
式に基づき更新することで実現される．

$$h_i(t) = min\{1, h_i(t-1) + \sum_{j \in A(t-1)} W_{ji} h_j(t-1)\}, \tag{2.3}$$

$$s_i(t) = \begin{cases} D & (h_i(t) > 0 \text{ で } s_i(t-1) \neq I \text{ のとき}) \\ I & (s_i(t-1) = D \text{ のとき}) \\ s_i(t-1) & (\text{それ以外のとき}) \end{cases} \tag{2.4}$$

ここで $A(t-1)$ は，$s_j(t-1) = D$ であるノードの集合である．各ノードはディストレスを 1 度伝播させ，その後は *Inactive* になるので，前述したように，影響の伝播は環状のネットワーク構造上を 1 度のみ通ることになる．$t \geq 2$ のとき，全ての i について h_i がまず同時に更新され，つぎに全ての s_i が同時に更新される．この更新を有限数 T 回繰り返し，全てのノードの s が U か I のいずれかになったとき，影響伝播のプロセスを終了する．

影響伝播のプロセスを終了した後，「初期状態に $s_i(0) = D$ であったノード群 S_f が，システムに対してどの程度の負の影響力を持つのか」を表す DebtRank の指標値 R を計算する．R は次の式で表される．

$$R = \sum_j h_j(T)v_j - \sum_j h_j(1)v_j. \tag{2.5}$$

すなわち R は，システム内の全てのディストレスの総和から，初期のディストレスを除外したものである．初期にディストレス状態にあるノード（あるいはノード群）$i \in S_f$ とそのディストレス量 ψ の値を変えながら，影響伝播のダイナミクスのシミュレーションをおこない，R の値を計算することで，どのような企業群のデフォルトあるいはディストレスが，システム全体にどういった影響を及ぼすのかを検証することができる．

原著論文 [11] では，米国で 2008〜2010 年に実施された総額 1 兆 2000 億 USD（約 96 兆円）の緊急融資プログラムにおいて，連邦準備銀行から融資を受けた金融機関のデータを用い，この DebtRank 指標値を算出している．その結果，緊急融資の主な対象となった 22 の金融機関の DebtRank の値が，金融危機のピーク時に高まったことが判明した．このことは，これらの金融機関のいずれかがデフォルトを起こせば，連鎖的にネットワーク全体に及ぼす経済的影響がもっと大きくなることを意味しており，緊急融資の重要性・妥当性が示されたことになる．DebtRank 指標によって，たとえ規模が小さくても，経済システムにおいて中心的な役割を担っている金融機関を特定することができる．

DebtRank 指標は，社会情報カスケードモデルの単純な適用では表現できなかった，（デフォルトだけでなく）ディストレスの影響の伝播を考慮に入れることができ，より現実的であるとして，発表と同時に大きな注目を集めた．今でも様々な実データに適用されており，日本の金融ネットワークデータへの適用例もある [12] [13].

70 第 2 章 ネットワーク分析指標の経済系への応用

また，環状のネットワーク構造を通した影響伝播を複数回許容するものや，伝播の線形性の制約を緩和したものなど，いくつかの拡張モデルも提案されている（[14–16]等）．これらの拡張モデルおよび，金融システムのネットワーク分析研究全体についてより広く知りたい場合は，文献 [17] によくまとめられているのでぜひ参照されたい．

2.3 国の経済発展に関するネットワーク研究

2.3.1 国家経済の複雑性に関する課題

国の経済を発展させるためにはどうすれば良いのか．各国はどんな産業の発展に注力すれば良いのだろうか．今，国家間経済格差が拡大していると言われるが，それはなぜだろうか．また，国の実体経済を表す指標としては，国内総生産 (Gross Domestic Product, GDP) が用いられるのが一般的だが，そもそも国の経済「能力」を測れるような良い指標はないだろうか．

これらの本質的で非常に重要な問いは，経済学および関連する複数の分野で盛んに議論されてきたが，近年，ネットワーク科学アプローチによる研究によって新たな示唆が導かれている．

Adam Smith が 18 世紀に『国富論』[18] で既に論じているように，国家経済の発展は，分業と関連がある．人や企業がそれぞれ特定の経済活動に特化して分業することで，経済全体の効率は向上する．ただし，国の資源には限りがある（ここで言う資源とは，天然資源に限らず，インフラストラクチャー，労働力，資金，技術知識などを含む，生産活動に必要な inputs（投入）全般である）．それぞれの国は，限られた資源を複数の産業に割り振り，経済活動をおこなっている．その割り振り方は国によって一様ではなく，その証拠に，産業の世界分布を見ると，地理的に偏っている．

そして，この地理的偏在性には，「Nestedness（入れ子性）」という特徴的なパターンが見られることが分かっている．このパターンは元々は，生態系の種の多様性に関する研究を通して発見され定式化されたものである [19]．つまり，生態系に見られるものと共通のパターンが，産業立地分布にも見られるのである．

本節では，この生態学的パターンのモデル化や生成原理の追究が基になって生まれた，産業の偏在性の指標や，国の経済発展の予測手法，さらに国家経済の能力を測る指標などを紹介する．

そのためにまず次項で，Nestedness のパターンについて詳しく見てみよう．

2.3.2 Nestedness（入れ子性）

生態系は，多様で異なる特徴を持つ種が他の種と関わり合い，絶滅する種がありながらも，全体としては多様性を維持して存続している．種同士の関係性の中には，相利共生 (mutualism) と呼ばれるものがある．これは，例えば虫は花の蜜を吸い，花は虫に花粉を運んでもらう，といったように，同所的に生活することで互いに利益を得られるような関係性である．長年，このような種同士の関係性はランダムであると考えられてきたが，近年の研究により，実はそこには構造的に特徴のあるパターンがあることが分かった [20–22]．それが Nestedness である．

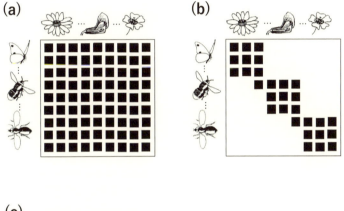

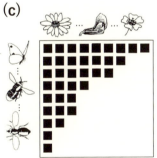

図 2.1 相互依存の関係性構造（[20] をもとに著者作成．）

図 2.1 は，複数種の花，複数種の虫の間の相互作用（関係性）のパターンについて，3 つの仮想的なケースを示した模式図である．縦の行には虫の種が並んでおり，横の列には花の種が並んでいる．ある虫と花の間に関係性があれば，その行列が交わるマス目を黒く塗りつぶして表示している．関係性がなければ空白になっている．

図 2.1(a) は，虫と花の全ての組合わせに関係性がある場合である．つまり，どの虫も全種の花の花粉を運ぶ場合だ．しかしこれは現実的ではない．実際には多様な役割・能力の虫，花が存在している．

それでは図 2.1(b) はどうだろうか．ある花の花粉はある限られた種類の虫が運んで，それらの虫は他の花粉を運ばないという，役割分担が決まっているようなパターンである．この構造は，冗長な関係性が少なく効率的で，かつ種の多様性も生まれるように見える．しかし現実は，このようなパターンにはなっていない．

実際の生態系に見られるのは，図 2.1(c) のようなパターンである．関係性の数が多い順に隣接行列の行・列をそれぞれ並べ替えた時，行列の左上に三角形ができるような構造である．この関係性構造には，全ての花の花粉を運ぶ "何でも屋" のような「ジェネラリスト (generalist)」と呼ばれる虫が存在する．その一方で，1 種類の限られた花の花粉しか運ばない「スペシャリスト (specialist)」と呼ばれる虫も存在する．そして重要な点は，「入れ子性」という名前が表すとおり，スペシャリストが花粉を運ぶ花の種類は，ジェネラリストが花粉を運ぶ花の種類の部分集合になっているのである．花に着目して言えば，どの虫にでも花粉を運んでもらえる「ジェネラルな」花と，限られた種類の虫にしか花粉を運んでもらえない「スペシャルな」花があり，スペシャルな花の花粉を運べるのは，その花に特化した虫ではなく，他の花粉も何でも運ぶジェネラリストなのである．

これは私たちの直感に反する現象である．過酷な競争環境の生態系において，ある種が何かに特化することで生き残れるとしたら，それは他の種とは違う能力・特徴を持つことだと考えるのが妥当であろう．しかし実際には，このようなスペシャリストの種が持つ能力・特徴は，ジェネラリストの持つ能力・特徴のうちの一部にすぎないのである．

生態系でなぜこのようなパターンが創発するのかについては，様々な実証研究および理論研究がなされているが，最も支持されている理由は，このパターンが種の間の競争を抑えて，共生する種の数を最大化でき，生物多様性を維持しながら系全体の持続的安定性を高めるからだとされている [19] [23] [24]．

この「虫と花」の例のように，任意の 2 つのノード群があり，各ノードは同じ群に属する他のノードとは関係性（エッジ）を持たず，別のノード群に属するノードとのみ関係性を持つとき，そのような関係性構造（ネットワーク）は「2 部グラフ (bipartite graph)」と呼ばれる（本書 3.2.2 項-(6) も参照）．任意の 2 部グラフがどの程度 Nested なのか（入れ子状になっているのか）を定量的に測る指標も提案されており，指標値計算のためのソフトウェアがいくつか無料公開されている．以下に，これらのソフトウェアをダウンロードできるウェブサイトを挙げておく．いずれも，指定の形式で 2 部グラフのデータを読み込ませれば，そのグラフの Nestedness 度合

を計算してくれる. 各サイトにはそれぞれ, ソフトウェアのマニュアルも用意されている. また, 著名な数値解析ソフトウェアである MatLab (MathWorks 社) にも, 「BiMat」という, Nestedness を測る機能を含むライブラリが用意されている.

- BINMATNEST [25]:
  http://www.eeza.csic.es/Pollination_ecology/
  Programa_Miguel.html
- ANINHADO [26]:
  https://www.guimaraes.bio.br/soft.html
- NODF [27]:
  http://www.keib.umk.pl/nodf/

さて, 生態学におけるデータ分析によれば, 生態系は種の選択淘汰を繰り返すことで, Nestedness の指標値が高まる方向に進化している. それでは, 種はそれぞれ, 系全体の Nestedness 度合が高まるように協調的に行動していて, 非協調的な種が絶滅していくのだろうか? これについて文献 [28] に興味深い知見があるので紹介しよう. この論文の著者らは, さまざまな環境条件下で集められた植物と送粉者のデータを用い, 個々の種の「全体の Nestedness への貢献度」を定量化した上で, 種の Nestedness 貢献度と生存確率との関係を分析した. その結果, 全体の Nestedness 度合の向上により貢献する種ほど, 皮肉なことに絶滅しやすいことが分かった. さらに彼らは, 全く異なるタイプの 2 部グラフを対象にした分析もおこなった. そこで用いられたのが, ニューヨーク州の衣類産業におけるデザイナーと契約業者の関係性の時系列データである. 衣類産業は衰退傾向にあり, 毎年複数の業者が廃業に追い込まれていた. 彼らの分析の結果, 淘汰され廃業した業者はやはり, 全体の Nestedness 向上への貢献度が高い企業であったことが分かった. これは, 生態系に関する概念である Nestedness が, 産業生態系 (エコシステム) にも適用可能であることを示唆している.

これを契機に, Nestedness の指標は, 金融市場など [29] 他のシステムの解析にも適用されるようになっている.

2.3.3 国の産業の多様度と, 製品の遍在度

ここで, 話を産業の地理的偏在性に戻そう. 国家貿易のデータを見てみると, 国によって発展している産業は大きく異なり, その分布は高い Nestedness を示す. これは何を意味するのか.

まず, ある国がどのような品目を輸出しているのかを見ることで, その国の産業の「多様度 (diversity)」が分かる. ごく限られた産業製品しか輸出しておらず多様

度の低い国は，前項で出てきた用語で言えば「スペシャリスト」であり，逆にさまざまな産業製品を輸出している多様度の高い国は「ジェネラリスト」である.

次に，産業・製品に注目してみると，当然ながら，多くの国に輸出されているものもあれば，一部の限られた国にしか輸出されていないものもある（多くの国で発展している産業と，一部の国でしか発展していない産業がある，と言っても良い）. この，産業や製品がどのぐらい多くの国に存在しているかの度合を，「Ubiquity（遍在度）」と呼ぶ（地理的に偏って存在している「偏在」と，広くあまねく存在している「遍在」の違いに注意）. Ubiquity の高い（ありふれた）製品は衣料品などであり，Ubiquity の低い（希少性の高い）製品は光学機器や航空機などである. これは，衣料品産業などにはあまり特殊な知識や技術，高度な設備が必要ではなく，多くの国で生産が可能であるのに対して，航空機産業などは製品製造に高度な知識や技術を必要とするため，一部の国でしか発展していないのだと考えれば納得がいく. そして，産業の地理的偏在性に Nested な構造が見られるということは，産業の多様度が低い「スペシャリスト」の国では，Ubiquity の高い（ありふれた）産業のみが発展しており，逆に産業の多様度が高い「ジェネラリスト」の国では，Ubiquity の高い産業に加え，Ubiquity の低い（希少な）産業も発展している傾向があることになる.

近年，グローバル化が進むにつれ，世界の多くの国で経済格差が拡大しており，国家間格差も拡大していると言われる. これはすなわち，生態系の例と同様に国際経済も，Nestedness が高まる方向に "進化" していることを示唆している. ということは，国の産業の多様度と産業・製品の遍在度の関係性をより深く追究することで，各国レベルでも経済発展の方向性を予測できるのではないだろうか. César A. Hidalgo や Ricardo Hausmann らはこのような発想から，国際貿易の大規模時系列データを用いた大きな研究プロジェクトを推進し，ネットワーク科学に依拠したアプローチによって，国家経済の複雑性を表す指標や経済発展予測の手法を提案した [30] [31].

2.3.4 経済の複雑性を測る指標

Hidalgo らが提案した Economic Complexity Index（経済複雑性指標）[30] [31] は，一定期間内に国内で創出された付加価値の総額を示す値である GDP（Gross Domestic Product：国内総生産）だけでは捉えられない，国の持つ経済力や将来発展性をも含んだ新たな国家経済の指標として，大きな注目を集めている. 本項ではその指標の概要を紹介する.

まず，国の多様度と輸出品の遍在度を定義する.

2.3.2 項で示した虫と花の例と同様，国とその輸出製品の関係は 2 部グラフで表せ

る. この 2 部グラフを表す隣接行列 M_{cp} において, 行列の各要素 M_{cp} は, 国 c が製品 p の有意な輸出国であれば 1, そうでなければ 0 とする. ここで,「有意な輸出国である」とは, ただその製品を輸出しているというだけではなく, 他の国と比較して顕著に輸出していることを意味する. この有意性の判定には, 次に示す顕示的比較優位指数 (Revealed Comparative Advantage: RCA) と呼ばれる指標が用いられる.

$$RCA_{c,i} = \frac{x(c,i)}{\sum_i x(c,i)} \bigg/ \frac{\sum_c x(c,i)}{\sum_{c,i} x(c,i)}. \tag{2.6}$$

すなわち $RCA_{c,i}$ は, ある国 c が製品 i を輸出している量が, その国の全体の輸出に比してどの程度であり, それが $\frac{\sum_c x(c,i)}{\sum_{c,i} x(c,i)}$ で表される, 国々の平均値と比べて多いのか ($RCA > 1$) を計算することで, その国がその製品の輸出において比較優位性を有するかを測る国際経済指標である. 行列 M_{cp} は, 国際貿易取引データを用いて構築することができる (詳細は [32] 参照).

M_{cp} が与えられた時, 国 c の産業の多様度 $k_{c,0}$ および製品 p の Ubiquity (遍在度) $k_{p,0}$ は, 以下の式で表せる.

$$k_{c,0} = \sum_p M_{cp}, \tag{2.7}$$

$$k_{p,0} = \sum_c M_{cp}. \tag{2.8}$$

ここで, k_c, k_p ともに「0」の添字を導入したのには理由がある. 2 つの国 c_1 と c_2 の経済発展の度合いを比較するとき, たとえ発展している産業の数 $k_{c_1,0}$ と $k_{c_2,0}$ が同じであっても, それだけでは 2 つの経済の複雑さが等しいとは言えない. c_1 はありふれた製品ばかり輸出しているのに対し, c_2 は希少でより高度な製品を輸出しているかもしれないからである. 製品についても同様に, $k_{p,0}$ の値が同じであっても, ありふれた製品しか輸出していない国に輸出されているのか, 高度な製品も輸出している国に輸出されているのかで意味が異なる. 製品が複雑だから遍在度が低いのか, あるいは希少鉱物のように単に産出国が限定されるから遍在度が低いのかは, それらの製品を輸出している国が他に何を輸出しているか (=多様度) を見ないと分からない. つまり, k_c の情報を用いて k_p の情報を更新し, また k_p の情報を用いて k_c の情報を更新する, という以下の反復的プロセスにより, これらの指標を改良することができる. 式中, $N \geq 1$ である.

$$k_{c,N} = \frac{1}{k_{c,0}} \sum_p M_{cp} \cdot k_{p,N-1}, \tag{2.9}$$

$$k_{p,N} = \frac{1}{k_{p,0}} \sum_c M_{cp} \cdot k_{c,N-1}. \tag{2.10}$$

世界中の国について，この反復の初めの2つである $k_{c,0}$ と $k_{c,1}$ の値をプロットしたグラフが図 2.2 である．図中，プロットされた各点は，国を表す．グラフ領域は，$\langle k_{c,0} \rangle$ と $\langle k_{c,1} \rangle$（それぞれ平均値を意味する）を用いて (a)〜(d) の4つの領域に分けられている．この図から，ほとんどの国は (a) か (d) に分類されていることが分かる．すなわち，産業の多様度が低い国は遍在度の高い（ありふれた）製品を輸出しており，産業の高い国ほど遍在度の低い（他の国ではできない）製品を輸出している，という，Nestedness の高さを裏付ける傾向が見てとれる．図中，いくつかの国には国名を付した．先進国が領域 (d) に分類されていることが分かるだろう．一方で領域 (a) に分類されているのは，アフリカや中央・南アメリカ諸国などの発展途上国である．わずかに見られる (c) の国々は，カザフスタン，その他にオマーンやニジェールといった，希少鉱物や石油の産出国である．

ここからさらに，式 (2.10) を式 (2.9) に代入することで，

$$
\begin{aligned}
k_{c,N} &= \frac{1}{k_{c,0}} \sum_p M_{cp} \frac{1}{k_{p,0}} \sum_{c'} M_{c'p} \cdot k_{c',N-2} \\
&= \sum_{c'} k_{c',N-2} \sum \frac{M_{cp} M_{c'p}}{k_{c,0} k_{p,0}},
\end{aligned}
\tag{2.11}
$$

となる．この式は，$\tilde{M}_{cc'} = \sum_p \frac{M_{cp} M_{c'p}}{k_{c,0} k_{p,0}}$ と置けば，

$$
k_{c,N} = \sum_{c'} \tilde{M}_{cc'} k_{c',N-2},
\tag{2.12}
$$

と書き直せる．この条件は，$k_{c,N} = k_{c,N-2} = 1$ のときに満たされる．これは，最大固有値に対応する $\tilde{M}_{cc'}$ の固有ベクトルである．この固有ベクトルは要素が1のみのベクトルのため，ここから得られる情報は特にない．従って，2番目に大きい固有値に対応する固有ベクトルを見る．これが最大分散量を捉えるベクトルであり，経済の複雑性を表していると解釈することができる．従って，経済複雑性指標 (Economic Complexity Index, ECI) は，

$$
ECI = \frac{\vec{K} - \langle \vec{K} \rangle}{stdev(\vec{K})},
\tag{2.13}
$$

となる．ここで $\langle \rangle$ は平均，$stdev$ は標準偏差を意味し，$\vec{K}$ は2番目に大きい固有値に対応する $\tilde{M}_{cc'}$ の固有ベクトルである．

ECI によって定量化された国の経済の複雑性は，国民1人あたりの GDP と高い相関が見られることから，経済指標として妥当であると言える．しかしもちろんそれだけではなく，この指標は GDP からでは得られない知見を我々に与えてくれる．特に重要なのは，この指標により各国の長期的な経済成長を説明できることで

ある．1人あたり GDP が経済複雑性から期待される値より低い国，高い国，期待どおりの値をとる国で比較したとき，低い国の経済はより急成長する傾向が確認されたのである．つまり，長期的に見れば国家所得は，ECI が示す情報に従う方向に変化していくため，この指標により国家所得の将来が予測できることになる．このことからもこの指標は「現在の国民所得」ではなく，その所得を生み出す国家経済の潜在能力を捉えている，と彼らは主張している．

文献 [31] には，ECI のより詳細な説明や，他の経済理論との関係性，さらに膨大な国際貿易データを分析したさまざまな結果がまとめられている（ちなみに，ECI の値によるランキングでは，日本が第 1 位となっている）．

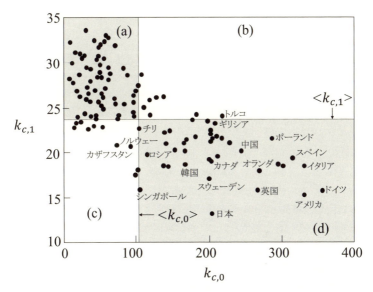

図 2.2 国の経済の複雑性のマッピング（[30] を元に著者作成）．4 つの領域 (a)〜(b) の解釈は次のとおりである．(a) 産業の多様度：低，輸出製品の遍在度：高．(b) 産業の多様度：高，輸出製品の遍在度：高．(c) 産業の多様度：低，輸出製品の遍在度：低．(d) 産業の多様度：高，輸出製品の遍在度：低．

2.3.5 Relatedness

ここまでで，国の経済のもつ潜在能力がその複雑性として現れ，経済発展は複雑性が増す方向に進むことだという理論を説明した．この理論から，ある国が複雑性を進化させ，経済を発展させていくには，より遍在度の低い希少な製品の輸出国になれるように，産業の多様度を高めていけば良いということが言えた．しかし，同

等に遍在度の低い製品が複数存在したとき，どれを選ぶのか，それはなぜなのか，という問いにはまだ触れられていなかった．

　この問いに答える鍵となるのが「Relatedness（関連性）」と呼ばれる概念である．これは，ある主体が新規能力を獲得する際，その主体が既に有している能力に関連性の高いものほど獲得しやすいことを意味している．主体が国であれ企業であれ人であれ，既に持っているノウハウや技術などの資源を活かせる分野の方がやりやすいというのは，誰しも納得のいくところであろう．これは，国で考えれば，新たな産業を振興するときには，その国で既に発展している産業の関連産業の方が選びやすいし，成功しやすいということになる．

　そのため，例えばずっとコーヒーの輸出で支えられてきた国が，経済発展のためにいきなり電子機器を造るようなことは無謀であるといえる．では化学製品ならどうだろうか？　電子機器よりは多少はやりやすいだろうか？　何となく衣料品産業なら，これらよりもう少しコーヒーに関連性が高くて近い産業のような気がするが，果たして何をもって，何がどれぐらい近いと考えれば良いのだろうか？

　Relatedness の概念をさらに発展させ，さまざまな製品間の関連性を測れるようにし，さらに製品群の関係性の全体像を俯瞰的に見られるネットワークを構築する手法を提案したのが，文献 [33] である．このネットワークは，「Product Space（製品空間）」と名付けられた，製品をノードとするネットワークである．製品同士は，互いに関連性が高ければエッジで繋がれる．なお，ここで言う「製品」とは，具体的な 1 製品ではなく，輸出品目群のことである．

　任意の 2 製品の関連性が高いことはすなわち，一方の製品を製造するのに必要な知識や技術が，もう一方の製品の製造にも共通して活用可能であることを意味する．関連した産業が発展しやすいことから，この関連性は，2 つの製品を輸出している国がどの程度重なっているかに表れていると考えることができる．よって，製品 i と j の関連性は，ある国が片方の製品を輸出しているときに，もう一方の製品も輸出している条件付き確率で表せる．

$$\phi_{i,j} = min\{P(RCA_i \mid RCA_j), P(RCA_j \mid RCA_i)\}. \tag{2.14}$$

　ここで，$P(RCA_i \mid RCA_j)$ は，国が製品 j の優位な輸出国であるときに，製品 i の優位な輸出国でもある条件付き確率を意味する．ある国 c が製品 i の「優位な」輸出国であることは，前述の式 (2.6) において，$RCA(c, i) \geq 1$ で判定する．このようにして全ての製品ペア間の関連性を測り，製品をノード，関連性の高さをエッジの重みとしてネットワーク化することで，Product Space が構築される．

　図 2.3 に，国際貿易データを用いて構築された Product Space を示す．ネットワークの各ノードは輸出製品を表し，ノードの大きさは国際貿易における製品市場の

大きさに比例している．エッジはノード間に関連性があることを意味し，エッジの太さは 2 製品の関連性の高さに比例している．このネットワークを見れば，どのような製品同士が高い関連性を持つのか・持たないのかを視覚的にすぐ捉えられることが出来る．このネットワークの構造的特徴としては，ノード群が密に繋がり合ったコミュニティが複数見られ，その周辺に疎な繋がりのノードが見られる．各コミュニティは，関連性の高い製品群で形成されている（コミュニティ検出の方法については本書 3 章を参照）．

さらに興味深いことに，このネットワークから各国の経済発展のプロセスを知ることができる．既に述べたとおり，各国が多様度を高め，新たな製品を輸出する際には，その時点でその国が輸出できている製品と関連性の高いものに徐々に手を広げていく．よって，このネットワーク上で任意の国の輸出品にあたるノードだけ色付けすると，それらのノードはエッジで繋がれたクラスタとして現れる．そして年を経るごとにそのクラスタの範囲が，近傍ノードの中でより複雑性の高いものの方向に広がっていく様子が見えるのである．

このことはすなわち，このネットワークから国の経済発展の将来予測もできることをも意味する．実際，経済複雑性の大規模プロジェクト (The Observatory of Economic Complexity) では，Product Space により発展途上国をはじめとする各国の経済発展のプロセスを捉え，正しい未来推測を実現している．このプロジェクトのウェブサイト (atlas.media.mit.edu) にアクセスすれば，国や年などを指定して Product Space をインタラクティブに見ることができる．またこのサイトでは，50 年以上にわたる国際貿易データの詳細やデータ分析の結果を，Product Space のみならずさまざまな方法で可視化している．興味があればぜひ参照してほしい．また，書籍 [34]（原著）および [35]（日本語訳本）には，経済複雑性の議論の背景や他の問題との関連性がまとめられている．

Relatedness は，国際貿易に限らず，サービスを含む国内生産のデータでも検証されており [36–38]，経済の規模によらずスケーラブルであることが確認されている．また，経済以外でも，例えば新たな特許が，既に構築されている関連特許のクラスタの周辺で生まれる傾向を把握したり，研究者が論文を新たに発表する分野を予測したり，スキル間の関連性が個人の職業選択に及ぼす影響を分析したりと，さまざまな対象に適用され，新たな知見を生んでいる [39–43]．

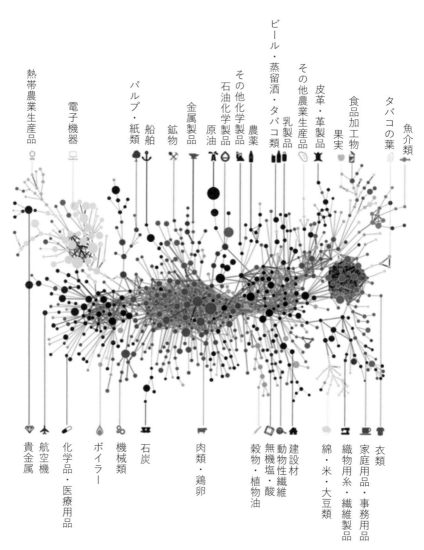

図 2.3 Product Space（出典 [31]，項目名は財務省貿易統計等を元に著者訳．カラーの図は [31] 参照．）

2.4 企業間サプライチェーンに関するネットワーク研究

2.4.1 サプライチェーン構造に関する課題

本章最後の話題として，本節では企業間サプライチェーンを取り上げる．サプライチェーンとは，製品やサービスを提供する活動の初めから終わりまで（原材料調達から製造，配送，在庫管理，そして最終需要者への販売に至るまで）の過程全体の一連の流れを指す用語である．サプライチェーン・マネジメント (Supply Chain Management: SCM) は，これらの過程の最適化を継続的におこなうことで，製品・サービスの付加価値ひいては企業収益を高めるための，戦略的経営管理のことであり，経営学の中でもっとも基本的かつ重要な課題領域として位置付けられている．

SCM では長年，売り手企業と買い手企業の二者関係に注目が置かれ，さまざまな研究がなされてきたが，サプライチェーンの全体像については，二者関係の連鎖＝チェーンであると捉えられ，あまり議論されてこなかった．それが 2000 年代に入ってから，サプライチェーンが実は複雑適応系 (CAS) であり，その全体像はチェーンからは程遠く，複雑なネットワークの様相を呈していることが指摘されるようになった [44]．「サプライネットワーク」という用語が使われるようになったのもこの頃からである．ネットワーク分析もなされるようになり，たとえば個々の企業レベル（ノードのレベル）では，他の企業との繋がり方のパターンが，その企業の交渉力や信頼関係構築などに影響することが実証的に示されてきたし，次数中心性や媒介中心性といった指標がもつ実世界的意味についても議論がなされてきた [45]．

一方で企業群レベル（ネットワークのレベル）では，全体としての複雑さを理解することの重要性自体が，あまり認識されてこなかった．しかし，例えば東日本大震災では，東北地方の小さな部品メーカが被災して操業停止になったことで，その影響が企業間の繋がりを介して世界に及び，結局は世界中の自動車生産が止まってしまった．他にもタイでの洪水被害など，局所的被害がサプライネットワーク全体を機能停止に追い込んだ実例は幾つも報告されている．つまり，2.2 節で説明した金融システムのシステミック・リスクの例と同様，サプライネットワークにおいても，システミック・リスクに対するレジリエンスを高めることは必須である（レジリエンスの概念については本書 4.5.3 項も参照）．

しかし，サプライネットワークに 2.2.3 項で説明した DebtRank の指標をそのまま適用することはできない．なぜなら，金融ネットワークとサプライネットワークでは，システムの成り立ちや維持すべき機能が異なるからである．金融ネットワークでは，エッジ上を流れるのは資金であったが，サプライネットワークでは素材や部品である．すなわち，部品を製造するサプライヤ企業 A → B → C の繋がりがあっ

たとき，A → B と B → C では別の物が流れている．B は，A から調達した素材や
部品を加工して別の部品を造り，C に供給している．よって，お金の流れとは根本
的に異なり，これを A → C の直接の関係で代替することは不可能である．B に問
題が生じた際に A → C への流れを維持したい場合は，B と同様の加工製造能力を
有する別の企業 D を見つけなくてはいけない．

　また生成原理も，金融ネットワークとサプライネットワークでは異なる．金融ネッ
トワークや人間関係などのソーシャルなネットワークでは，SF 性（2.1.1 項参照）
が指摘されており，優先的選択則が生成原理の有力な候補と考えられている．しか
し，サプライネットワーク，特に本節で扱う自動車産業や，その他多くの産業では，
これは非現実的である．もう何十年も前に取引コスト理論 [46] が指摘しているとお
り，取引にはコストがかかる．取引先を選定し契約・管理するのは，取引先が増え
るほど大変になる．自動車のように部品を組み立てて全体を造っていくような場合
には，取引先と図面や技術情報をやり取りする必要もあるし，製品を運搬するロジ
スティクスコストも掛かる．そのため，企業は取引先をどんどん増やしたいという
インセンティブを持たず，むしろ効率化のために取引先数を絞り込むことが，既に
よく知られている．それ故，上述した震災のような非常事態には，いざというとき
の代替ルートが用意されていないために，生産ネットワーク全体に甚大な被害が及
んだ．それでも，企業は生存のために，稀にしか起きない非常事態よりも日頃のオ
ペレーションの効率化を重視するのである．

　では，そもそもサプライネットワークの形成にはどんな原理が働き，どのような
構造をしているのだろうか．その構造から，レジリエンスやその他の実社会的問題
に関して如何なる示唆が得られるのだろうか．次節以降，自動車産業に焦点を当て，
これらの問いを追求した実データ分析研究において用いられたネットワーク分析手
法や指標を紹介する．ここでは特に，同じような指標や手法が，分析対象の違いに
よってどのようにアレンジされるのかの実例を見るため，前節までに紹介したもの
— DebtRank（2.2.3 項），多様度と遍在度（2.3.3 項），Product Space（2.3.5 項）—
の応用・展開例を紹介する．

　なお，自動車産業は我が国の経済を（また世界経済をも）支える基幹産業であり，
この産業を理解する研究の重要性は非常に高い．長い歴史を持つ成熟した産業であ
る一方で，近年は電気自動車や水素自動車の登場，自動運転技術の実用化など，さ
まざまな革新的変化が起きている興味深い産業でもある．

2.4.2　サプライヤの依存度と重要度

　本項では，2.2.3 項で説明した DebtRank の指標と類似した指標でありながら，サ
プライネットワークにおいて各サプライヤがどの完成品メーカにどのぐらい依存し

ているのかを測るために提案された指標 [51] を紹介する．ここでは自動車産業の例を用いて説明するが，別の産業でも同様の議論が可能である．

(1) 依存度の定義

自動車産業サプライネットワークにおいて，ノードには完成車メーカと部品サプライヤの 2 種類がある．完成車メーカに直接部品を納入している企業を 1 次サプライヤと呼び，1 次サプライヤに部品を供給している企業を 2 次サプライヤ，以降順に 3 次，4 次，…と呼ぶ．完成車メーカは他のメーカやサプライヤに供給することは（基本的には）ない[5]．

完成車メーカを表すノードの集合を A，部品サプライヤを表すノードの集合を S とする．ノード i から j へのエッジは，i が j に部品を納入している関係を表す（従って，$i \in S$，$j \in S \cup A$ である）．サプライヤ i の部品納入先の集合を C_i，その集合に含まれるノード数を $|C_i|$ とする．

各サプライヤの依存度を計算するために，リソースの初期値なるものを各サプライヤに与える．この値には，サプライヤの規模などを用いることも可能だが，ここでは簡単のため，全てのサプライヤについて 1 とする．ノード i のリソースは，エッジの重みに応じて T_i へ比例配分されるものとする．重みの情報がない場合は，任意の $j \in T_i$ が受け取る i のリソースは，$r_{ji} = \frac{1}{|C_i|}$ となる．

リソースを受け取ったノード j は，i から受け取ったリソースを全て C_j に分配することとする．分配後は，j が持つ i からのリソースは 0 となる．

この計算を繰り返し，全てのリソースが A に属するノードに到達した時点で終了する．ネットワーク内を流れる i のリソースの総和は常に 1 であるため，計算終了時点での各完成車メーカが持つリソース $r_{ai}(a \in A)$ は，i のその完成車メーカへの依存度を意味すると捉えられる．

(2) 重要度の定義

依存度の指標計算を応用して，ネットワーク内での各サプライヤの重要度を，以下のように測ることができる．

各サプライヤの各完成車メーカへの依存度を計算する際，リソースは，そのサプライヤと完成車メーカを繋ぐ経路上に存在する他のノードを通過する（ここで，経路は必ずしも最短経路に限らず，有向性を考慮した上での全てのあり得る経路である）．依存度計算における各時間ステップを $t \in T$，ステップ t における r_{ji} を r_{jit} とすると，あるノード j の重要度 I_j は，j を通過したリソースの総量：

---

[5] ある完成車メーカが自動車を製造して別のメーカに供給し，その別のメーカが自社ブランドとして販売する形式 (OEM: Original Equipment Manufacturing) もあるため，厳密には完成車メーカ間に供給・調達関係が存在する事もありえる．

$$I_j = \sum_{i \in S} \sum_{t \in T} r_{jit}, \tag{2.15}$$

で定義される．依存度計算は，各サプライヤからのリソースが完成車メーカに到達した時点で終了するため，T は有限であり，$I_j(j \in S)$ も 1 以上の有限値をとる．

文献 [51] では，これらの指標を実際に自動車産業サプライネットワークの実データに適用した分析をおこなっている．世界の完成車メーカに対して，(i) サプライヤの依存度の総和が全体に占める割合と，(ii) サプライヤの依存度と，そのサプライヤの重要度の積の総和が全体に占める割合を調べている．その結果，日本の主要な完成車メーカや米国のメーカなどは (i) (ii) いずれの値も総じて高く，多くのサプライヤかつ重要度の高いサプライヤからも依存を受けていることが分かった．欧州メーカはそれに比して，サプライヤからの依存が低いが，依存しているサプライヤには重要度の高いものが多い．それに対して中国メーカは，多くのサプライヤから強い依存を受けているが，それらのサプライヤの重要度は低いことが分かった．

依存度および重要度の指標は，各ノードが持つ情報の影響が，エッジを介して隣接ノードに伝播していくプロセスを再帰的計算によって捉える，フィードバック型の中心性指標の一種だと言える．このような指標のうち，PageRank と DebtRank の違いについては，2.2.3 項で既に述べた．DebtRank では，負の影響の始点を特定し，その影響がシステム全体にどのように伝播するかが関心事であった．これに対して依存度の指標は，始点だけではなく終点も特定する．よって，始点側から見れば，自分がどの終点（完成車メーカ）にどの程度依存しているのかを定量的に把握することができるし，研究例 [51] のように終点（完成車メーカ）側から見れば，どのようなサプライヤがどの程度自分に依存しているのかを知ることができる．また，完成車メーカ間のサプライネットワーク構築戦略の違いを見ることもできる．これらの知見を活用することで，より頑健で効率的なサプライネットワークの設計にも役立つ情報を得ることができると考えられる．

2.4.3 サプライネットワークと Nestedness, Relatedness

サプライネットワークの生成原理は，金融システムや人間関係などの社会ネットワークとは異なることは，2.4.1 項で述べた．それでは，生態系の生物多様性に着想した Nestedness は，サプライネットワーク（サプライヤから成るエコシステム）において成り立つだろうか．Relatedness の概念から得られる知見は，サプライネットワークにも展開可能だろうか．

文献 [52] では，自動車産業における部品サプライヤのポートフォリオ（何を造っているか）の実データを収集し，サプライヤの製造部品の多様性（2.3.3 項「国の産業の多様度」に対応）と部品の普遍性（同「製品の遍在度」に対応）に関する分析

をおこなっている.

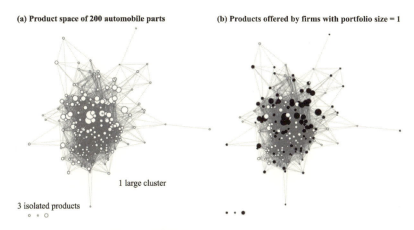

図 2.4　自動車部品の Product Space [52].

図 2.4 は，自動車部品 200 品目について，どの 1 次サプライヤがどの程度の量製造し完成車メーカに供給しているのかに関する実データを用いて作成された Product Space である．図中，ノードは部品であり，類似しているノード同士がエッジで繋がれている．類似性の計算には式 (2.14) が用いられている．左右のネットワーク図はどちらも同じであるが，左の図 2.4(a) では，全てのノードが白抜きの丸で表示されている．一方で右の図 2.4(b) では，多様度が低いサプライヤ（1 部品しか造っていないサプライヤ）によって作られている部品が黒丸で表示されている．左下には isolated products が 3 つ表示されている．これはつまり，これらの部品を製造しているサプライヤは他の部品を造っておらず，従ってこれらの部品はどの部品とも類似しないと判断されたことを意味している．逆に言えば，それ以外の 197 部品に関しては，専門メーカだけが造っているわけではなく（その場合は，Product Space はバラバラのノード群になるはずである），製造サプライヤのポートフォリオ（何を造っているかのリスト）が互いに少しずつずれながらも重なり合っていることが分かる．

右の図 2.4(b) から，黒丸で表示されている部品のサプライヤが今後ポートフォリオを拡大していく際には，Product Space 上の近傍ノードにあたる部品を製造するであろうことが，国際貿易の場合と同様に予測できる．

では，サプライヤの多様性と複雑性の関係性はどうだろうか．図 2.5 は，図 2.2 に対応するグラフを，自動車部品サプライヤについて作成したものである．図 2.5

中の (a)～(d) はそれぞれ，図 2.2 の (a)～(d) と対応している．この図から，自動車産業の場合も国際貿易の場合と同様，(a) と (d) に属するノード，すなわち (a) 多様性が低く（製造している部品が少なく），普遍性が高い部品を作っているサプライヤと，(d) 多様性が高く（製造している部品が多く），普遍性の低い部品を作っているサプライヤが存在することが分かる．しかし大きな違いは，国際貿易の場合は (c) に属するノードがほとんど存在しなかったのに対し，自動車産業の場合は，(c) 多様性が低く（製造している部品が少なく），普遍性の低い部品を作っているサプライヤが無視できないほどたくさん存在する点である．

すなわち，自動車部品サプライヤ 構成するエコシステムでは，Nestedness の傾向が完全には成り立たず，「少数種類の特別な部品のみを作っているサプライヤ」が多数，淘汰されず生存している．これは，限られた技術領域に特化して高度に専門化することで生存する戦略が成立するエコシステムならではの特徴である．

このように，国際貿易と特定の産業のサプライネットワークではその生成原理に違いがあり，それがシステム（ネットワーク）の特徴の違いとなって現れていることが分かる．この事例から，対象とする分野に蓄積された理論や知見に注意を払うことが非常に重要であることが伺える．

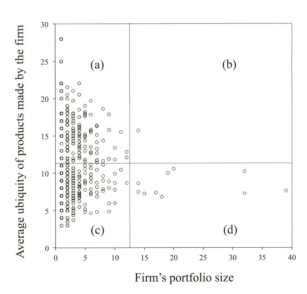

図 2.5 サプライヤ企業の多様性（部品ポートフォリオのサイズ）と，その企業の製造部品の普遍性の平均との関係 [53].

2.5 道具箱としての2章のまとめ

本章では，経済の複雑性に焦点を当て，ネットワークアプローチの応用例のうち代表的なものとして，経済システムのシステミック・リスクに関する研究と，国の経済の複雑性と発展，企業間サプライチェーンに関する研究を紹介した．本章で解説し，実際の課題への応用例を示したいくつかのネットワーク分析指標を，以下に整理する．

- 金融システムのシステミック・リスクを表現し，金融機関の負の影響力の大きさを定量化した DebtRank 指標（2.2.3 項）．
- 生態系における種の間の関係性パターンから導き出された性質である Nestedness（2.3.2 項）．
- 国際貿易における国の産業の多様度と，輸出製品の遍在度（2.3.3 項）．
- 国家経済の複雑性を測る指標，Economic Complexity Index（2.3.4 項）．
- 産業発展における関連性 (relatedness) の概念と，それを発展させた Product Space の手法（2.3.5 項）．
- サプライネットワークにおけるサプライヤの依存度と重要度を測る指標（2.4.2 項）．

社会経済システムは複雑で，その複雑性を直接的に観察することや，それを捉えるデータを入手することが得てして困難である．Duncan J. Watts が強調しているように，本質的な課題にネットワーク科学（あるいは計算科学一般）のアプローチで取り組み，価値のある知見を生み出すためには，それぞれの分野の専門家と密に連携し，真に学際的な研究チームを構成して挑むことが必須である [10]．また，社会経済の分野を専門とする研究者は，むやみにネットワーク科学の手法を取り入れるのではなく，自身が対象とするシステムの生成原理や特徴に留意することが重要である．

コラム２：ネットワークのオープンデータと可視化ツール

　これからネットワーク科学のアプローチを取り入れようと考えている社会経済系の学生や研究者には，まず無料でダウンロード可能なネットワークのオープンデータを入手してみることをお勧めする．ネットワーク科学者が新しく開発した手法や指標を試し，有効性を検証するために，さまざまなオープンデータが用意されているが，以下のウェブサイトには，それらのデータセットへのリンクが整理されている（ただし，これらのウェブサイトの情報には重複があり，複数のサイトからリンクされているデータセットもある）．

- Mark E. J. Newman の個人サイト内にまとめられた，データセットへのリンク：http://www-personal.umich.edu/ mejn/netdata/
- カーネギーメロン大学の Center for Computational Analysis of Social and Organizational Systems (CASOS) によって収集・整理されたデータセット：http://www.casos.cs.cmu.edu/tools/data2.php
- Stanford Network Analysis Project のサイト：http://snap.stanford.edu
- 生態系に関するデータセット：https://www.nceas.ucsb.edu/ interaction-web/resources.html
- 社会ネットワークデータの有料解析ソフトウェアである UCINET 用に整備された(他のソフトウェアでも利用可能な)データセット：https://www.nceas.ucsb.edu/interactionweb/resources.html
- LINK–group によるデータセットのリスト：http://www.linkgroup.hu/links.php#Networkdatasets

　また，これらのデータをインプットとしてネットワークを可視化し，簡単な分析を容易におこなうことができるソフトウェアもいくつか開発されている．以下に紹介するそれぞれのウェブサイトには，ダウンロード用ファイルが用意されている他，使用方法の説明やサンプルモデル等もある．また，さまざまなアルゴリズムや指標のプラグインが公開されているソフトウェアもある．なお，図 2.4 は Cytoscape を用いて作成されたが，Gephi 等でも同様の図が作成可能である．

- Gephi: https://gephi.org
- Cytoscape: https://cytoscape.org
- GraphViz: http://www.graphviz.org
- yEd graph editor: https://www.yworks.com/products/yed

参考文献

[1] 林幸雄 編著, 大久保潤 他著, 『ネットワーク科学の道具箱 —— つながりに隠れた現象をひもとく』, 近代科学社, 第 1 章 (2007).

[2] Albert, R., Jeong, H. and Barabási, A.L., Error and attack tolerance of complex networks, *Nature* 406, 378–382 (2000).

[3] Clauset, A., Shalizi, C.R., and Newman, M.E.J., Power-law distributions in empirical data, *SIAM Review* 51(4), 661–703 (2009).

[4] Virkar, Y. and Clauset, A., Power-law distributions in binned empirical data, *The Annals of Applied Statistics*, 89–119 (2014).

[5] Broido, A.D. and Clauset, A., Scale-free networks are rare, ArXive preprint arXiv:1801:03400 (2018).

[6] Holme, P., Rare and everywhere: Perspectives on scale-free networks, *Nature Communications*, 10, 1016 (2019).

[7] Watts, D. J., A simple model of global cascades on random networks, *Proceedings of the National Academy of Sciences USA*, 99 (9), 5766–5771 (2002).

[8] Gai, P. and Kapadia, S., Contagion in financial networks, *Proceedings of the Royal Society A*, 466 (2120), 2401–2423 (2010).

[9] May, R. M. and Arinaminpathy, N., Systemic risk: The dynamics of model banking systems, *Journal of the Royal Society Interface*, 7 (46), 823–838 (2010).

[10] Watts, D. J., Conputational social science: Exciting progress and future challenges, Proceedings of the 22nd ACM SIGKDD International Conference on Knowledge Discovery and Data Mining, 419 (2016).

[11] Battiston, S., Puliga, M., Kaushik, R., Tasca, P. and Caldarelli, G., DebtRank: Too central to fail? Financial networks, the FED and systemic risk, Scientific Reports 2:541, DOI: 10.1038/srep00541 (2012).

[12] Aoyama, H., Battiston, S. and Fujiwara, Y., Debtrank Analysis of the Japanese credit bank, RIETI Discussion Paper Series 13–E–087 (2013).

[13] Fujiwara, Y., Terai, M., Fujita, Y., and Souma, W., Debtrank analysis of financial distress propagation on a production network in Japan, RIETI Discussion Paper Series 16–E–046 (2016).

[14] Bardoscia, M., Battiston, S., Caccioli, F. and Caldarelli, G., DebtRank: A microscopic foundation for shock propagation, *PLoS ONE*, 10(7): e0130406 (2015).

[15] Battiston, S., Caldarelli, G., DErrico, M., and Gurciullo, S., Leveraging the network: A stress-test framework based on DebtRank, *Statistics and Risk Modeling*, 33(3–4), 117–138 (2016).

[16] Bardoscia, M., Battiston, S., Caccioli, F., and Caldarelli, G., Pathways towards instability in financial networks, *Nature Communications*, 8, 14416 (2017).

[17] Caccioli, F., Barucca, P. and Kobayashi, T., Network models of financial systemic risk: a review, *Journal of Computational Scocial Science*, 1:81, 81–114 (2018).

[18] Smith, A., An inquiry into the nature and causes of the wealth of nations, W. Strahan and T. Cadwell, London (1976).

[19] May, R. M., Will a large complex system be stable?, Nature (London) 238, 413 (1972).

[20] Bastolla, U., Fortuna, M. A., Pascual-Garcia, A., Ferrera, A., Luque, B., and Bascompte, *J., Nature*, 458.7241 (2009).

[21] Sugihara, G. and Ye, H., Cooperative network dynamics, *Nature*, 458, 1018–1020 (2009).

[22] Bascompte, J., Jordano, P., Melián, C. J., and Olesen, J. M., The nested assembly of plant-animal mutualistic networks. *PNAS*, 100, 9383–9387 (2003).

[23] Allesina, S and Tang, S., Stability criteria for complex ecosystems, *Nature (London)*, 483, 205 (2012).

[24] Rohr, R. P., Saavedra, S. and Bascompte, J., On the structural stability of mutualistic systems, *Science*, 345, 1253497 (2014).

[25] Rodríguez-Gironéz, M. A. and Santamaría, L., How foraging behaviour and resource partitioning can drive the evolution of flowers and the structure of pollination networks, *Open Ecology Journal*, 3, 1–11 (2010).

[26] Guimarães, P. R. and Guimarães, P., Improving the analyses of nestedness for large sets of matrices. *Environmental Modelling and Software*, 21: 1512–1513 (2006).

[27] Almeida-Neto, M., Guimarães, P., Guimarães, P. R. Jr., Loyola, R. D., and Urlich, W., Consistent metric for nestedness analysis in ecological systems: reconciling concept and measurement, *Oikos*, 117, 1227–1239 (2008).

[28] Saavedra, S., Stouffer, D.B., Uzzi, B. and Bascompte, J., Strong contributors to network persistence are the most vulnerable to extinction, *Nature*, 478, 233–235 (2011).

[29] Fricke, D. and Roukny, T., Generalists and specialists in the credit market, *Journal of Banking & Finance*, DOI: 10.1016/j. jbankfin (2018).

[30] Hidalgo, C.A. and Hausmann, R., The building blocks of economic complexity, *PNAS*, 106 (26), 10570–10575 (2009).

[31] Hausmann, R., Hidalgo, C. A., Bustos, S., Coscia, M., Simoes, A., and Yildirim, M. A., The atlas of economic complexity: Mapping paths to prosperity, MIT Press, (2014).

[32] Hidalgo, C.A., The dynamics of economic complexity and the product space over a 42 year period, CID Working Papers 189, (2009).

[33] Hidalgo, C.A., Klinger, B., Barabási, A.-L., and Hausmann, R., The product space conditions the development of nations, *Science*, 317 (5837) 482–487 (2007).

[34] Hidalgo, C.A. (著), Why Information Grows: The Evolution of Order, from Atoms to Economies, Basic Books, (2015).

[35] Hidalgo, C.A. (著), 千葉敏生 (訳), 情報と秩序：原子から経済までを動かす根本原理を求めて, 早川書房, (2017).

[36] Neffke, F., Henning, M., and Boschma, R., How do regions diversify over time? Industry relatedness and the development of new growth paths in regions, *Economic Geography*, 87 (3) 237–265 (2011).

[37] Zhu, S., He, C. and Zhou, Y., How to jump furthe and catch up? Path-breaking in an uneven industry space, *Journal of Economic Geography*, 17:3, 521–545 (2017).

[38] Neffke, F., Henning, M., Skill relatedness and firm diversification, *Strategic Management Journal*, 34 (3) 297–316 (2013).

[39] Kogler, D. F., Figby, D. L. and Tucker, I., Mapping knowledge space and technological relatedness in US cities, *European Planning Studies*, 21 (9), 1374–1391 (2013).

[40] Alabdulkareem, A., Frank, M. R., Sun, L., Alshebli, B., Hidalgo, C., and Rahwan I., Unpacking the polarization of workplace skills, Science Advances, eaao6030, (2018).

[41] Vuevara, M. R., Hartmann, D., Aristarán, M., Mendoza, M., and Hidalgo C. A., The research space: using career paths to predict the evolution of the research output of individuals, institutions, and nations, *Scientometrics*, 109 (3), 1695–1709 (2016).

[42] Muneepeerakul, R., Lobo, J., Shutters, S.T., Gomeź-Liévano, A., and Qubbaj, M.R., Urban economies and occupation space: Can they get "there" frome "here"?, *PLoS One*, 8 (9): e73676 (2013).

[43] Jara-Figueroa, C., Jun, B., Glaeser, E. L., and Hidalgo, C. A., The role of industry-specific, occupation-specific, and location-specific knowledge in the growth and survival of new firms, *PNAS*, 115 (50), 12646–12653 (2018).

[44] Choi, T. Y., Dooley, K. J., and Rungtusanatham, M., Supply networks and complex adaptive systems: Control versus emergence, *Journal of Operations Management*, 19, 351–366 (2001).

[45] Borgatti, S. P. and Li, X., On social network analysis in a supply chain context, *Journal of Supply Chain Management*, 45 (2), 5–22 (2009).

[46] Williamson, O. E., Transaction-cost economics: The governance of contractual relations, *Journal of Law and Economics*, 22 (2): 233–261 (1979).

[47] Colfer, J. J. and Baldwin, C. Y., The mirroring hypothesis: Theory, evidende, and exceptions, *Industrial and COrporate Change*, 25 (5) 709–738 (2016).

[48] Guimerá, R. and Amaral, L. A. N., Functional cartography of complex metabolic networks, *Nature*, 433 (7028), 895 (2005).

[49] Leicht, E. A. and Newman, M. E. J., Community structure in directed networks, *Phys. Rev. Lett.* 100, 118703 (2008).

[50] Girvan, M. and Newman, M. E. J., Community structure in social and biological

networks, *Proc. Natl. Acad. Sci. USA*, 99, 7821–7826 (2002).

[51] 谷中峻輔, 鬼頭朋見, 自動車産業サプライネットワークの構造分析と分類—サプライベースとサプライヤ依存度に注目したアプローチ—, 日本経営工学会経営システム誌, 27 (4), 227–233 (2018).

[52] Kito, T., New, S. and Ueda, K., How automobile parts supply network structures may reflect the diversity of product characteristics and suppliers' production strategies, *CIRP Annals of Manufacturing Technology*, 64:1, 423–426 (2015).

[53] Kito, T., New, S. and Reed-Tsochas, F., Disentangling the complexity of supply relationship formations: Firm product diversification and product ubiquity in the Japanese car industry, *International Journal of Production Economics*, 206, 159–168 (2018).

第3章

ランダムウォーク：コミュニティ抽出のキーツール

　ネットワークの中の密につながった部分を「コミュニティ」とよぶ．現実世界における多くのネットワークは，複数のコミュニティがゆるやかにつながって構成される．個々のコミュニティには，ネットワークが表現する複雑系を構成する機能単位が対応すると考えられる．したがって，ネットワークのコミュニティ構造が明らかになれば，複雑系全体が個々の機能単位からどのように構成されているかがわかる．このように，コミュニティ構造を明らかにすることは，ネットワークで表現される複雑系を理解するための，基本的かつ本質的な作業である．そのため，ネットワークからコミュニティを効果的・効率的に抽出する方法が，数多く提案されてきた．本章では，「ランダムウォーク」に基づくことにより，コミュニティ抽出を統一的に理解・記述できることを示す．はじめに，ネットワーク上のランダムウォークを扱うための理論的枠組みを整理・概観する．次に，代表的なコミュニティ抽出方法がこの枠組みに基づいて定式化されることを示す．さらに，より根本的にこの枠組みに立脚することにより，コミュニティ抽出の機能を劇的に拡張できることを示す．今後は読者自身がコミュニティ抽出の議論を発展させるべく，そのためのキーツールとしてのネットワーク上のランダムウォークを，本章を通じて学んでほしい．

3.1 はじめに

　生物，社会あるいは工学における複雑系の多くがネットワークとして表現される．ネットワークの構造を明らかにすることにより，このネットワークで表現される複雑系の機能を理解し，さらにその機能を利用して社会・産業上の価値を生み出すことが可能になる．

　複雑ネットワーク科学では，ネットワークに特徴的な構造がさまざま議論されてきた [1]．これらの構造のうち，実用の観点から最も重要なものの一つが「コミュニティ」である [2,3]．コミュニティとは何か？それを適切かつ具体的に定めることは本章における最大関心事の一つであるが，今の時点で端的にいうならば，コミュニティとはネットワークの中の密につながった部分のことである（図 3.1）．

　個々のコミュニティには複雑系を構成する個々の機能あるいは意味が対応すると考えられる（図 3.1）．例えば，購買履歴を表すネットワークのコミュニティには，特徴的な購買層の顧客や商品群が対応すると考えられる．したがって，これらの構造を利用することで，効率的・効果的な販売あるいは宣伝のための戦略の立案が可能になるであろう．あるいは，全脳ネットワークのコミュニティには，脳情報処理のモジュールが対応する [1)] [4]．したがって，全脳ネットワークのコミュニティ構造は，全脳アーキテクチャ（全脳が情報を処理する仕組み）を解明するための重要な手掛かりになるであろう．

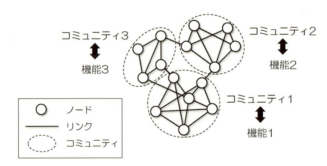

図 3.1　ネットワークのコミュニティ構造．個々のコミュニティには複雑系を構成する個々の機能が対応する．

[1)] 神経科学における基本仮説である「セルアセンブリ仮説」[5] は，次のことを主張する：同じ概念あるいは同じ機能をコードするニューロンは，同時に活動することにより，相互に接続しようとする；それにより，これらのニューロンは「セルアセンブリ」――密につながった部分――を形成する．セルアセンブリを複雑ネットワーク科学の言葉に翻訳すれば，それはまさに「コミュニティ」である [6]．

このように，ネットワークのコミュニティ構造から，複雑系全体が個々の機能あるいは意味からどう構成されているかを知ることができる．したがって，ネットワークのコミュニティ構造を明らかにすることは，ネットワークで表現された複雑系を理解するための基本的かつ本質的な作業と位置付けられる．実際，ネットワークからコミュニティを効果的・効率的に抽出する方法の開発は，複雑ネットワーク科学の初期からの中心テーマであり，これに多くの研究者が取り組んできた．これまでに数多くのコミュニティ抽出方法が提案されている [2,3]．もちろん，たくさんの問題が未解決のままであり [3]，コミュニティ抽出方法の決定版を定めるにはまだ程遠い．とはいえ，さらに新しいコミュニティ抽出方法を提案してその数を増やしていくだけでなく，これまでに提案されたコミュニティ抽出方法を見通すための理論的基盤を整備することも重要であろう．それがコミュニティ抽出をさらに発展させるための足掛かりにもなるはずである．本章を通じて，「ランダムウォーク」がまさにこのような基盤整備のためのキーツール（主要な道具）となりうる，ということを主張したい．

本章の構成は次の通りである．3.2 節では，ネットワーク上のランダムウォークに関する基本事項を概観する．3.3 節では，代表的なコミュニティ抽出方法を，3.2 節で概観したランダムウォークの枠組を用いて定式化する．さらに 3.4 節では，より根本的にランダムウォークの枠組みに立脚した議論を展開し，コミュニティ抽出の機能拡張を試みる．3.5 節で今後の展望を，3.6 節で本章のまとめを述べる．本章では数式を多用するが，道具としての実用性を重視する立場から，それらが意味するところをイメージとして伝えることを優先する．そのため，これらの数式の証明や展開において，数学的厳密さを多少欠くところがあることをことわっておく．

3.2 ネットワーク上のランダムウォーク

3.2.1 用語と記法

本章で用いる用語と記法を整理しておく．「ネットワーク」とは，複数の要素とそれらの間のつながりがつくる構造体である．これらの要素を「ノード」あるいは「頂点」，つながりを「リンク」あるいは「辺」とよぶ（図 3.1）．本章ではノード・リンクの呼称を用いる．リンクには，方向がある場合（有向）（図 3.2 左）とない場合（無向）（図 3.2 右上）とがある．

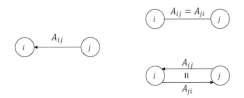

図 3.2 リンク．左：有向リンク．右上：無向リンク．右下：無向リンク（右上）と等価な双方向の有向リンク

ノード j から i へのリンクの強さ（以下，「重み」[2]とよぶ）を A_{ij} (≥ 0) で表す（図3.2）．ノード j から i へのリンクがないならば $A_{ij} = 0$ とする．ノード j から i へのリンクがあるかないかだけで議論する場合には A_{ij} を二値に設定する；すなわち，リンクがあるならば $A_{ij} = 1$，ないならば $A_{ij} = 0$ とする．ノード j と i が無向リンクで結ばれているならば $A_{ij} = A_{ji}$ とする（図3.2右上）．これは，同じ重みの有向リンクが双方向につながっていることと等価である（図3.2右下）．

リンクの重みを成分とする $N \times N$ 行列 $\boldsymbol{A} = (A_{ij})$ を「隣接行列」とよぶ．ただし，N はネットワークを構成するノードの総数である．隣接行列が与えられたならばネットワークが一意に定まる．無向ネットワークの隣接行列は対称，すなわち，$\boldsymbol{A}^T = \boldsymbol{A}$ である．ただし，$\boldsymbol{A}^T$ は $\boldsymbol{A}$ の転置行列である．

3.2.2 ネットワークにおけるランダムウォークのダイナミクス

以下では，ネットワーク上のランダムウォークの理論について，式の導出その他を含め，やや詳しく説明する．より強い興味をコミュニティ抽出の応用・発展に有する読者は，先に 3.3 節以降に目を通して概要を把握し，そのあとで本節 3.2 に戻って理論的背景を確認するのがよいかもしれない．

(1) 遷移確率

一人の男（彼を Mr. X とよぶことにする）がネットワークの中をリンクに沿ってノードからノードへと動き回っているところを想像しよう．Mr. X のノード間の移動は次の確率規則に従うものとする：時刻 t にノード j にいた Mr. X は，微小時間 Δt の間に確率 $T_{ij} \Delta t$ でノード i に移動する．ここで，T_{ij} は単位時間あたりにノード j から i に移動する確率であり，次で定義される：

$$T_{ij} = \frac{A_{ij}}{\sum_{i'=1}^{N} A_{i'j}}. \tag{3.1}$$

これをノード j から i への「遷移確率」とよぶ．分母の $\sum_{i'=1}^{N} A_{i'j}$ はノード j か

---

[2] 重み A_{ij} の実体は，購買履歴のネットワークであれば，人 i が商品 j を購入した回数（人 i と商品 j との共起頻度）である．あるいは，脳ネットワークでは，注入された色素の蛍光強度が定めるところの，脳領域 j から i への結合の強さである [7]．

ら出ているリンクの重みをすべて足したものである．式 (3.1) は，ノード j から i への単位時間あたりの移動が，ノード j から出ているリンクの重みの総計に対するノード j から i へのリンクの重みの割合として定められた確率で起こることを意味する（図 3.3）．式 (3.1) から次が成り立つ：

$$\sum_{i=1}^{N} T_{ij} = 1. \tag{3.2}$$

この式の意味するところは明らかであろう．単位時間の間に必ずどこかに移動するのであるから，遷移確率を移動先すべてについて足し合わせれば 1 になる．定義式 (3.1) はノード j と i を結ぶリンクが無向である場合にも適用される．この場合には，遷移は j から i へと i から j への双方向に起こる（図 3.2 右下）．無向の場合には $A_{ij} = A_{ji}$ であるが，式 (3.1) の分母に相当する $\sum_{i=1}^{N} A_{ij}$ と $\sum_{j=1}^{N} A_{ji}$ は一般に異なる値をとるため，T_{ij} と T_{ji} は必ずしも等しくはならない．

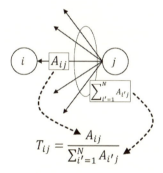

図 3.3 遷移確率．ノード j から i への単位時間あたりの遷移確率 T_{ij} は，ノード j から出ているリンクの重みの総和 $\sum_{i'=1}^{N} A_{i'j}$ に対するノード j から i へのリンクの重み A_{ij} の割合として定められる．

上記の規則に従う Mr. X の確率的移動を「ランダムウォーク」とよぶ．ランダムウォークを記述する一つの方法は，Mr. X の動きを時々刻々追っていくことである．ある時刻に Mr. X がノード j にいたとする．微小時間 Δt 後に，次のノード（ノード j から出たリンクが入るノード）に移動するか，引き続きノード j に留まるかは，次の規則で確率的に決められる．

ノード i に移動する確率：

$$T_{ij} \Delta t . \tag{3.3}$$

ノード i に留まる確率：

98 第3章 ランダムウォーク：コミュニティ抽出のキーツール

$$1 - \sum_{i=1}^{N} T_{ij} \Delta t = 1 - \Delta t . \tag{3.4}$$

ただし，式 (3.4) の等号は式 (3.2) による．時刻 0 に Mr. X があるノードにいた
として，これを出発点として時刻 t (> 0) に沿って確率規則 (3.3)-(3.4) を順次適用
することにより，Mr. X のネットワーク上の軌道が標本として生成される．

(2) マスター方程式

ランダムウォークを記述するもう一つの方法は，Mr. X の各ノードにおける存在
確率に注目することである．ランダムウォークの軌跡を追っていくのは視覚的には
わかりやすいが，議論を解析的に進めるには確率分布を扱う方が便利である．マス
ター方程式はランダムウォークを確率分布の時間発展で記述する [8].

Mr. X が時刻 t にノード i にいる確率を $p_t(i)$ で表す．確率なので，i について
の総和が任意の時刻 t で 1 に保たれること，すなわち，「確率保存」を要求する：

$$\sum_{i=1}^{N} p_t(i) = 1 . \tag{3.5}$$

以下の議論では，確率を伸び縮みしない液体のようなものとみなすとイメージしや
すいであろう．マスター方程式は，このような液体としての確率がネットワークの
中をどう流れるかを描写する．Mr. X が時刻 t にノード i にいたとして，Δt の間
にノード i からリンクされるノードのいずれかに移動する確率は $\sum_{j=1}^{N} T_{ji} \Delta t$ であ
る．したがって，この間に確率 $p_t(i)$ のうちの $\sum_{j=1}^{N} T_{ji} \Delta t$ の割合がノード i から
外に流れ出る．この流出量 $\sum_{j=1}^{N} T_{ji} \Delta t p_t(i)$ を $I_t^{\text{out}}(i) \Delta t$ とおくと

$$I_t^{(\text{out})}(i) = \sum_{j=1}^{N} T_{ji} p_t(i) = p_t(i) , \tag{3.6}$$

となる（図 3.4）．ここでも式 (3.2) を用いた．$I_t^{(\text{out})}(i)$ は時刻 t における単位時間
あたりのノード i からの総流出量である．

次に，Δt の間にノード i に流入する確率を考える．時刻 t にノード j にあった
確率 $p_t(j)$ のうちの $T_{ij} \Delta t$ の割合がこの間にノード i に流入する．ノード i への
すべてのノードからの流入量の総和 $\sum_{j=1}^{N} T_{ij} \Delta t p_t(j)$ を $I_t^{(\text{in})}(i) \Delta t$ とおくと

$$I_t^{(\text{in})} = \sum_{j=1}^{N} T_{ij} p_t(j) , \tag{3.7}$$

となる（図 3.4）．$I_t^{(\text{in})}(i)$ は時刻 t における単位時間あたりのノード i への総流入
量である．

$$\frac{d}{dt}p_t(i) = \underbrace{-\sum_j T_{ji}p_t(i)}_{I_t^{(\mathrm{out})}} + \underbrace{\sum_j T_{ij}p_t(j)}_{I_t^{(\mathrm{in})}} = -p_t(i) + \sum_j T_{ij}p_t(j)$$

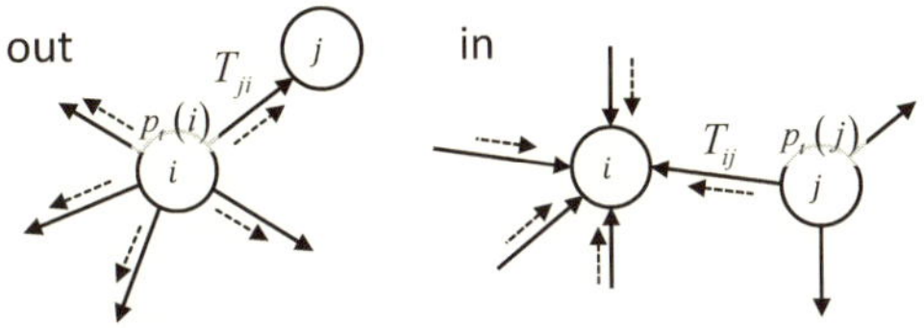

図 3.4 マスター方程式，および，ノード i における確率の流入 (in) と流出 (out)

時刻 $t+\Delta t$ に Mr. X がノード i にいる確率を $p_{t+\Delta t}(i)$ とする．時間 Δt の間に確率が，ノード i から $I_t^{(\mathrm{out})}\Delta t$ の量だけ流出して，ノード i に $I_t^{(\mathrm{in})}(i)\Delta t$ の量だけ流入するのであるから

$$p_{t+\Delta t}(i) = p_t(i) - I_t^{(\mathrm{out})}(i)\Delta t + I_t^{(\mathrm{in})}(i)\Delta t \tag{3.8}$$

である．これを変形して

$$\frac{p_{t+\Delta t}(i) - p_t(i)}{\Delta t} = -I_t^{(\mathrm{out})}(i) + I_t^{(\mathrm{in})}(i) \ ,$$

さらに $\Delta t \to 0$ として

$$\frac{p_t(i)}{dt} = -I_t^{(\mathrm{out})}(i) + I_t^{(\mathrm{in})}(i) \tag{3.9}$$

を得る．式 (3.6) と式 (3.7) を用いて右辺を具体的に書き下す：

$$\frac{p_t(i)}{dt} = -p_t(i) + \sum_{j=1}^{N} T_{ij}p_t(j) \ . \tag{3.10}$$

式 (3.10) がマスター方程式とよばれ，Mr. X の確率分布の時間的変化（ダイナミクス）を記述する（図 3.4）．

(3) マスター方程式の性質

式 (3.10) をすべてのノードについて足すと

$$\begin{aligned}\frac{d}{dt}\sum_{i=1}^{N} p_t(i) &= -\sum_{i=1}^{N} p_t(i) + \sum_{i=1}^{N}\sum_{j=1}^{N} T_{ij}p_t(i) \\ &= -\sum_{i=1}^{N} p_t(i) + \sum_{j=1}^{N} p_t(i) = 0 \ ,\end{aligned}$$

100 第3章 ランダムウォーク：コミュニティ抽出のキーツール

となり，確率の総和 $\sum_{i=1}^{N} p_t(i)$ が時間的に一定に保たれることがわかる．したがって，時刻 0 で $\sum_{i=1}^{N} p_0(i) = 1$ と設定すれば，任意の時刻 $t \ (\geq 0)$ で $\sum_{i=1}^{N} p_t(i) = 1$ が成り立つ．このように，確率保存の要求 (3.5) は，マスター方程式の基本性質として満たされている．

次に，マスター方程式の定常解を考える．定常解とは時間的に変化しない解であり

$$\frac{dp_t(i)}{dt} = 0 \quad (i = 1, \cdots, N) \tag{3.11}$$

で定められる．時刻 t に依存しないのであるから，以下では $p_t(i)$ から下添字 t を取り除いた $p(i)$ で定常解を表すことにする．式 (3.10) と (3.11) から $0 = -p(i) + \sum_{j=1}^{N} T_{ij} p(j)$ を得る．したがって

$$p(i) = \sum_{j=1}^{N} T_{ij} p(j) , \tag{3.12}$$

となる．式 (3.12) が定める「定常状態」の意味するところは次の通りである：定常状態では，個々のノードにおける確率 $p(i)$ は，それらにリンクをはるノードから流れてくる確率の総和 $\sum_{j=1}^{N} T_{ij} p(j)$ として，自己無撞着に定められている（お互いがお互いを定め合っていて辻褄の合わないところがない）．

次に，マスター方程式の定常解の一意性について述べる．そのためにはまず，ネットワークの「連結性」にふれる必要がある．ネットワークが連結性を満たすとは，このネットワークにおいて任意のノードから任意のノードに必ず一つ以上の「道」があることをいう．ここで，リンクをその向きに沿って辿ることができるものを「道」とよんでいる．無向リンクについては，これを双方向に辿ることができるものとする．以下では，特にことわらない限り，扱っているネットワークは連結性を満たすものとする．ただし，現実のネットワークには連結性を満たさないものも多い．そのようなネットワークに連結性を回復させるための処方を 3.2.2 項の (7) で述べる．ネットワークが連結性を満たすならば，確率はネットワーク内をあまねく循環するので，線形なマスター方程式 (3.10) の解 $p(i) \ (i = 1, \cdots, N)$ は一意に（すなわち，ただ一つに）定まる．ここでは以上のような直観的議論にとどめるが，定常解の一意性の厳密な証明については，教科書 [8] などを参照してほしい [3]．

ネットワークが連結性を満たすならば，十分時間がたてば，マスター方程式の解は定常解に収束する：

$$\lim_{t \to \infty} p_t(i) = p(i) . \tag{3.13}$$

---

[3] ネットワークが連結性を満たすとき，その隣接行列は「既約」である．既約行列の性質を利用してネットワーク上のランダムウォークが一意的な定常解を持つことを示すことができる（コラム 4 参照）．

これの証明はあとで役に立つ内容を多く含むので，以下に示す．

少々天下り的であるが，次で定義される量を考える：

$$L(t) \equiv \sum_{i=1}^{N} p(i) h\left(\frac{p_t(i)}{p(i)}\right) . \tag{3.14}$$

ここで，$h(x)$ は下に凸 (convex) な関数である．この条件を満たすならば $h(x)$ は何でもよいが，代表的なものは $-\log(x)$ である．そのときの $L(t)$ は Kullback-Leibler 情報量に他ならない．

$L(t)$ は次を満たす：

$$L(t) \geq h(1) . \tag{3.15}$$

ただし，等号が成り立つのは

$$p_t(i) = p(i) \tag{3.16}$$

のときである．さらに

$$\frac{d}{dt} L(t) \leq 0 \tag{3.17}$$

が成り立つ．式 (3.15-3.17) を証明する前に，これらが意味するところを述べておく．式 (3.17) は，時間がたつにつれて $L(t)$ が単調に減少していくことを示す．一方，式 (3.15) は，$h(1)$ が $L(t)$ の下限であることを示す．さらに式 (3.16) は，$L(t)$ が下限に達したとき，$p_t(i)$ が $p(i)$ に一致することを示す．一般に，力学系に対して条件 (3.15-3.17) を満たす関数 $L(t)$ が存在するとき，それを Lyapnov 関数とよぶ．式 (3.14) で定める $L(t)$ はマスター方程式の Lyapnov 関数なのである．

[式 (3.15-3.16) の証明]

$\sum_{i=1}^{N} p(i) = 1$ かつ $p(i) \geq 0$ $(i = 1, \cdots, N)$ であるから，下に凸な関数 $h(x)$ に対して，Jensen の不等式

$$\sum_{i=1}^{N} p(i) h(x_i) \geq h\left(\sum_{i=1}^{N} p(i) x_i\right) \tag{3.18}$$

が成り立つ．したがって

$$L(t) = \sum_{i=1}^{N} p(i) h\left(\frac{p_t(i)}{p(i)}\right) \geq h\left(\sum_{i=1}^{N} p(i) \frac{p_t(i)}{p(i)}\right) = h\left(\sum_{i=1}^{N} p_t(i)\right) = h(1) .$$

等号が成り立つのは $h(p_t(i)/p(i))$ の括弧の中身が 1，すなわち，$p_t(i) = p(i)$ のときである．

(Q.E.D.)

102 第3章 ランダムウォーク：コミュニティ抽出のキーツール

[式 (3.17) の証明]

$$
\begin{aligned}
\frac{dL(t)}{dt} &= \frac{d}{dt} \sum_{i=1}^{N} p(i) h\left(\frac{p_t(i)}{p(i)}\right) \\
&= \sum_{i=1}^{N} p(i) h'\left(\frac{p_t(i)}{p(i)}\right) \frac{1}{p(i)} \frac{dp_t(i)}{dt} \\
&= \sum_{i=1}^{N} h'\left(\frac{p_t(i)}{p(i)}\right) \left[-p_t(i) + \sum_{j=1}^{N} T_{ij} p_t(j)\right] \\
&= \sum_{i=1}^{N} h'\left(\frac{p_t(i)}{p(i)}\right) \left[-p_t(i) \frac{\sum_{j=1}^{N} T_{ij} p(j)}{p(i)} + \sum_{j=1}^{N} T_{ij} p_t(j)\right] \\
&= \sum_{i=1}^{N} \sum_{j=1}^{N} h'\left(\frac{p_t(i)}{p(i)}\right) T_{ij} \left[-\frac{p_t(i) p(j)}{p(i)} + p_t(j)\right] \\
&= \sum_{i=1}^{N} \sum_{j=1}^{N} T_{ij} p(j) h'\left(\frac{p_t(i)}{p(i)}\right) \left[\frac{p_t(j)}{p(j)} - \frac{p_t(i)}{p(i)}\right]
\end{aligned}
$$

$h(x)$ が下に凸であることから，$h'(u)(u-v) \leq h(u) - h(v)$ となるので

$$
\begin{aligned}
&\leq \sum_{i=1}^{N} \sum_{j=1}^{N} T_{ij} p(j) \left[h\left(\frac{p_t(j)}{p(j)}\right) - h\left(\frac{p_t(i)}{p(i)}\right)\right] \\
&= \sum_{i=1}^{N} \sum_{j=1}^{N} T_{ij} p(j) h\left(\frac{p_t(j)}{p(j)}\right) - \sum_{i=1}^{N} \sum_{j=1}^{N} T_{ij} p(j) h\left(\frac{p_t(i)}{p(i)}\right) \\
&= \sum_{j=1}^{N} p(j) h\left(\frac{p_t(j)}{p(j)}\right) - \sum_{i=1}^{N} p(i) h\left(\frac{p_t(i)}{p(i)}\right) = 0 \ .
\end{aligned}
$$

以上から

$$
\frac{dL(t)}{dt} \leq 0 \ .
$$

(Q.E.D.)

(4) 離散マルコフ連鎖

定常解 (3.12) を求めることが様々な場面で重要となる．例えば，ノードの重要度や順位付けを，定常解を用いて定めることができる (3.2.2 項-(7))．さらに，コミュニティ抽出を定常解を用いて定式化できる（3.3–3.4 節）．

定常解は，マスター方程式 (3.10) の時間発展を十分長い時間シミュレーションすることで得られる．このシミュレーションは，マスター方程式を時間について離散化したもの

$$p_{t+\Delta t}(i) = p_t(i) + \left[-p_t(i) + \sum_{j=1}^{N} T_{ij} p_t(j) \right] \Delta t \tag{3.19}$$

を用いて行われる. すなわち, 初期時刻 $t = 0$ における確率分布 $p_0(i)$ を $\sum_{i=1}^{N} p_0(i) = 1$ となるように与え, それを式 (3.19) の右辺に代入して, 時刻 $t = \Delta t$ における確率分布 $p_{\Delta t}(i)$ を求める. 次に, $p_{\Delta t}(i)$ $(i = 1, \cdots, N)$ を式 (3.19) の右辺に代入して, 時刻 $t = 2\Delta t$ における確率分布 $p_{2\Delta t}(i)$ を求める. 以上を繰り返していく. Δt が十分小さいならば, 多くの繰り返しの後に $p_t(i)$ が定状解 $p(i)$ に収束することは, 式 (3.13) により保証される. マスター方程式の定常解の一意性により, 以上の繰り返し計算により得られる定常解は, 初期状態 $p_0(i)$ $(i = 1, \cdots, N)$ の選び方に依存しない. すなわち, どんな初期状態から出発しようとも, 同じ定常解に収束する.

計算機によるシミュレーションで定常解を求めるために, 式 (3.19) のように, 時間を離散化する. 確率分布の時間発展の過程をできるだけ正確に追うためには, Δt をできるだけ小さくとる必要がある. しかしながら, Δt をあまりにも小さくとると, 定常状態への収束を得るまでに, とてつもなく多くの繰り返しが必要となり, 計算時間が膨大になる. ノードの順位付けやコミュニティ検出のために定常解だけを求めたいのであれば, すなわち, 途中の時間発展を正確に追うことが別段不要ならば, このジレンマを抜けることができる. 式 (3.4) から, Δt の最大値は 1 である ($\Delta t > 1$ とすると, 負の確率が発生してしまう). そこで, 式 (3.19) で $\Delta t = 1$ としてみると

$$p_{t+1}(i) = \sum_{j=1}^{N} T_{ij} p_t(j) , \tag{3.20}$$

となる. 式 (3.20) で記述される確率システムを「離散マルコフ連鎖」, あるいは単に「マルコフ連鎖」とよぶ (これに対して, マスター方程式 (3.10) で記述される確率システムを「連続時間マルコフ連鎖」とよぶことがある). 式 (3.20) と (3.12) を比較して明らかなように, マスター方程式の定常解とマルコフ連鎖 (3.20) の定常解は一致する. したがって, マルコフ連鎖 (3.20) を用いることにより, 高速に定常解への収束を得ることができると期待される. ただし, それで定常解が得られる場合は多いが, 応用上非常に重要な例に, 単純な式 (3.20) の繰り返しでは定常解への収束が得られないものがあることを注意しておく. そのような例とその際に定常解を得るための処法を 3.2.2 項-(6) で述べる.

(5) 無向グラフの定常解

すべてのリンクが無向であるネットワークを「無向ネットワーク」または「無向グラフ」とよぶ. 実は, 無向グラフにおいては, マスター方程式あるいはマルコフ

104 第3章　ランダムウォーク：コミュニティ抽出のキーツール

連鎖の定常解は解析的に（すなわち，数式で表された形として一般的に）定められ，これを求めるのに繰り返し計算を行う必要はない．この定常解を表す数式は次で与えられる：

$$p(i) = \frac{k_i}{2L} \ . \tag{3.21}$$

ただし

$$k_i = \sum_{j=1}^{N} A_{ij} = \sum_{j=1}^{N} A_{ji} \ , \tag{3.22}$$

$$2L = \sum_{i,\,j=1}^{N} A_{ij} \tag{3.23}$$

である．式 (3.22) 右辺の二番目の等号は，リンクが無向のときには $A_{ij} = A_{ji}$ であることによる．A_{ij} が二値（1 または 0）のときには，k_i はノード i に付随するリンクの数を表し，ノード i の「次数」とよばれる．このときの L はリンクの総数である．式 (3.23) の左辺に 2 が掛かっているのは，右辺の和において同一リンクが二回足されることによる．

式 (3.21) が定常解になっていることは，これをマスター方程式 (3.10) の右辺に代入してみればわかる．証明は簡単なので，読者にあずける．もちろん，式 (3.21) はマルコフ連鎖 (3.20) の定常解にもなっている．

(6) 二部グラフ

3.2.2 項-(4) の最後に，マルコフ連鎖の式 (3.20) の単純な繰り返しでは定常解が得られない場合があると述べた．それは，ネットワークが「周期構造」を持つ場合である：ノードが G 個のグループ $\Omega_1, \Omega_2, \cdots, \Omega_G$ に分割され，G_1 に属するノードから出たリンクは必ず Ω_2 に属するノードのいずれかに入り，Ω_2 に属するノードから出たリンクは必ず Ω_3 に属するノードのいずれかに入り，$\cdots$，Ω_G に属するノードから出たリンクは必ず Ω_1 に属するノードのいずれかに入る．最も簡単な周期構造は $G = 2$ のときのものであるが，このとき，ノードは二つのグループに分割され，リンクは異なるグループに属するノードの間（異種ノード間）にのみ存在する．このような構造を持つネットワークを「二部ネットワーク」あるいは「二部グラフ」とよぶ [9].

二部グラフではリンクが無向であっても，双方向の有向リンクに置き換えられることにより（図 3.2 右下），周期構造が現れる．著者はかつて企業の研究所に勤めていて，そこで事業部などからネットワーク分析の依頼をしばしば受けた．その経験から言うと，ネットワーク分析を実際に応用する場面においては，対象が二部グラフで表現されることが非常に多い．購買履歴における商品・サービスとそれらを購

入・利用した消費者・ユーザとの関係，文書とそこに登場する単語との関係，特許とその発明者との関係，論文とその著者との関係，これらはすべて，二部グラフで表現される（図 3.5）[4]．

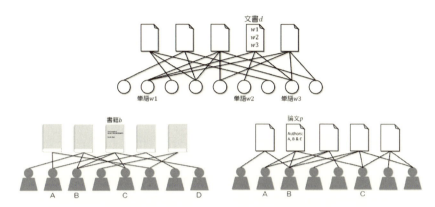

図 3.5　実世界におけるさまざまな二部グラフ

ネットワークが周期構造を持つとき，マルコフ連鎖の式 (3.20) の繰り返しが定常解を与えないことを，二部グラフを例に述べる．Mr. X が時刻 t にグループ Ω_1 に属するノードのいずれかにいる確率 $\sum_{i \in \Omega_1} p_t(i)$ は，式 (3.20) に従えば，すべて時刻 $t+1$ にグループ Ω_2 に移動する．同時に，時刻 t にグループ Ω_2 に属するノードのいずれかにいる確率 $\sum_{i \in \Omega_2} p_t(i)$ は，すべて時刻 $t+1$ にグループ Ω_1 に移動する．このように，二つのグループの間で確率がそっくり入れ替わる．この入れ替わりは永遠に続き，定常状態への収束は得られない．ネットワークが $G > 2$ の周期構造を持つ場合にも同様に定常状態への収束が得られないことが，理解されるであろう．

ネットワークが周期構造を持つ場合に定常解を得るための，簡単かつ安定な処方は，マスター方程式の離散形 (3.19) に立ち戻って，Δt を 1 ではなくもう少し小さ

---

[4] さらに，対象を $G > 2$ の「多部グラフ」として表現すべき場合も多々ある．例えば，消費者 c が商品 p を店 s で購入した，というデータがあるならば，これらの共起関係を三部グラフで表現することができる（図 3.6）．このとき，p と c，c と s あるいは s と p を結ぶリンクは無向とみなされるので，この三部グラフは周期構造を持たない．一般に，$G > 2$ の多部グラフは，リンクが無向ならば，周期構造を持たない．ところで，データの表現方法に RDF (Resource Description Framework) という枠組みがある．この枠組みでは，各データは，主語 (S)，述語 (V) および目的語 (O) の三つの組（トリプル）で表現される．RDF データも三部グラフで表現することができるが，リンクをどう設定すべきか（無向とすべきか有向とすべきか）を定める理論は，著者が知る限りまだない．

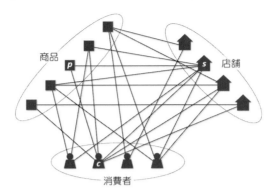

図 3.6 多部グラフ．図は消費者・商品・店舗の三部グラフ．消費者 c が商品 p を店舗 s で購入したことを，c, p および s の間をリンクで結ぶことにより表現する．

い値，例えば $\Delta t = 0.5$ に選ぶことである．このとき，時間が Δt 進んでも，Ω_1 にある確率の一部だけが Ω_2 に移り，残りは Ω_1 にとどまる．その結果，確率が周期的に変化するということは起こらず，定常状態への収束が得られる．

(7) PageRank アルゴリズム

マルコフ連鎖の定常解をウェブページの順位付けに応用した例が「PageRank アルゴリズム」[10, 11] である（コラム 4 も参照）．ここで再び Mr. X に登場してもらい，彼がウェブ上をリンクに沿ってランダムウォークしているところを想像する．PageRank アルゴリズムは，各ウェブページの重要度を，定常状態において Mr. X がそのウェブページにいる確率 $p(i)$ で定める：

$$\text{ウェブページ } i \text{ の重要度} \propto p(i).$$

大きい順に $p(i)$ をソートして，各ウェブページの順位を定める．ウェブ上のランダムウォークを，ユーザがウェブページからウェブページへと，リンクをたどりながらネットサーフィンをしていることに見立てる．すると，$p(i)$ がより大きいウェブページとは，このネットサーフィンにおいてユーザがより頻繁に訪れるウェブページということになるので，$p(i)$ でウェブページの重要度を定めることは理にかなっている．

次に，ウェブ上のランダムウォークで順位付けを行う際に起こりうる問題とそれへの対処法を述べる．ウェブのリンクには方向がある．したがって，ウェブページの中には，リンクが入るだけで自身からはリンクを一本も出さないものがありうる（図 3.7 左上）．一方，自身からリンクを出すだけでリンクが一本も入らないノードもありうる（図 3.7 右上）．これらのノードを「dangling（＝ぶら下がり）ノード」

とよぶ．前者のみを dangling ノードとよぶことが多いが，ここでは説明の都合上，どちらに対しても dangling ノードの呼称を用いる．特に，前者と後者を区別するために，前者を「入 dangling ノード」，後者を「出 dangling ノード」とよぶことにする．入 dangling あるいは出 dangling ノードがあるとき，ネットワークは連結性を満たさない．このようなネットワークの上を確率が流れると，入 dangling ノードは，そこに確率が溜まるばかりなので，やがて鬱血状態に陥る．出 dangling ノードは，そこから確率が逃げていくばかりなので，やがて貧血状態に陥る．その結果，確率が入 dangling ノードに集中するという極端な状態に至ってしまい，順位付けを行うための健全な定常状態が得られない．

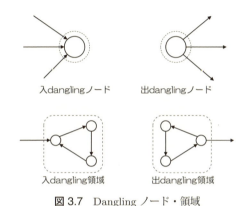

図 3.7 Dangling ノード・領域

PageRank アルゴリズムでは，連結性を回復して適切な順位付けを行うために，次の処方を用いる：ランダムウォーカ (Mr. X) は，確率 $1-\mu$ でリンクに沿って通常通り移動し，確率 μ でいずれかのノードにジャンプする．後者はリンクを無視したショートカットの移動なので，これを「ワープ」あるいは「テレポーテーション」と表現する．入 dangling ノードに到達した場合には，確率 1 でいずれかのノードにワープするものとする．ワープによる確率の逃げ道ができることにより，入 dangling ノードに確率が溜まり続けることが回避される．出 dangling ノードにもワープを通じて確率が供給されるので，そこから確率が枯渇することもなくなる．マスター方程式 (3.10) あるいはマルコフ連鎖の式 (3.20) の右辺における $\sum_{j=1}^{N} T_{ij} p_{t-1}(j)$ を以下に置き換えることにより，このようなワープの機構を付与する：

$$(1-\mu)\left[\sum_{j=1}^{N} T_{ij} p_{t-1}(j) + \frac{1}{N} \sum_{j \in \Omega_{\text{in-dangling}}} p_{t-1}(j)\right] + \mu \frac{1}{N}. \quad (3.24)$$

ここで，$\sum_{j \in \Omega_{\text{in-dangling}}}$ は入 dangling ノードに関する和を表す．この式によれば，

ワープ先のノードは等確率に選ばれる．この確率をワープ先ノードに入るリンクの数に依存させたりするなどのバリエーションもある [12]．パラメータ μ の値については，0.15 程度に選ぶとおおむねうまくいくことが，経験的に知られている．ネットワーク中に，いったん入ったら二度と脱出できない領域（入 dangling 領域，図3.7 左下），あるいは，いったん出たならば二度と戻れない領域（出 dangling 領域，図 3.7 右下）がある場合にも連結性は失われる．その場合にも，式 (3.24) の処方により，連結性が回復される．

(8) パーソナライズド PageRank アルゴリズム

PageRank アルゴリズムは個々のノードの重要度・順位を，個別のユーザの興味・関心に関わらず，ネットワークのリンク構造だけに基づいて定める．一方，個別のユーザの興味・関心を反映させて重要度・順位付けを定めたいという要望もあるであろう．「パーソナライズド PageRank アルゴリズム」はこのような要望に応える方法である [10, 11, 13]．

パーソナライズド PageRank アルゴリズムでは，ユーザの興味・関心を「種ノード」で表現する．例えば，ワールドカップサッカーに対する興味を，国際サッカー連盟 (FIFA) のホームページなどを種ノードに選ぶことで表現する．ノード i_s を種ノードに選ぶとき，これを 1-of-N ベクトル（第 i_s 成分一つだけが 1 で他の成分はすべてゼロの N 次元ベクトル）

$$\boldsymbol{\tau} = (\tau_i) = (\delta_{i,\,i_s}) = (0, \cdots, 0, 1, 0, \cdots, 0) \tag{3.25}$$

で表す．複数（D 個）の種ノード $\{\boldsymbol{\tau}^{(1)}, \cdots, \boldsymbol{\tau}^{(D)}\}$ を用いれば，興味・関心をより詳細に表現することができる．マルコフ連鎖の式 (3.20) を，種ノードを導入して次のように書き直す：

$$p_{t+1}(i) = (1 - \rho) \sum_{j=1}^{N} T_{ij} p_{t-1}(j) + \rho \frac{1}{D} \sum_{d=1}^{D} \tau_i^{(d)} . \tag{3.26}$$

ただし，$0 \le \rho < 1$ である．

式 (3.26) の意味するところは次の通りである．Mr. X は確率 $1 - \rho$ でネットワークのリンクに沿って移動する．右辺第一項は，この通常のランダムウォークによる移動を表す．一方，Mr. X は確率 ρ で種ノードのいずれかにワープする．右辺第二項はこのワープによる移動を表す．ワープ移動により，常に確率が割合 ρ で種ノードに流入する．式 (3.26) が確率保存を満たす，すなわち，$\sum_{i=1}^{N} p_t(i) = 1$ となることは容易に確認できる．

式 (3.26) の繰り返し計算により得られる定常解は，恒常的な種ノードへのワープにより，種ノードに偏った確率分布になるはずである．このように偏りのある確率分

布により，ユーザの興味・関心にパーソナライズされた重要度・順位が定められる．

(9) パーソナライズド PageRank アルゴリズムの Bayes 定式化

ところで，パーソナライズド PageRank アルゴリズムの考え方に，Bayes 推定に通じるものを感じた読書も多いのではなかろうか．本項では，パーソナライズド PageRank アルゴリズムを Bayes の枠組みで定式化することにより，この直感が理論的に裏付けられることを示す．この定式化は，3.4 節でコミュニティ抽出の機能を拡張する際に本質的役割を果たす．

「スコットランドヤード」というボードゲームがある．これはロンドンの交通網を利用して逃げ回る Mr. X の居所を，ロンドン警視庁（通称スコットランドヤード）の捜査員が追跡・補足するゲームである．プレイヤーは Mr. X 役と捜査員役とに分かれてゲームに参加する．Mr. X はふだんは交通網の中を密かに移動しているが，時々姿を現す，すなわち，その姿が目撃される．そこで，交通網をネットワークとみなし，Mr. X がこの中をランダムウォークしているとして，Mr. X の居所をどう推定するかを考えてみる．目撃情報がまったくない段階では，定常状態確率分布 $p(i)$ $(i = 1, \cdots, N)$ で Mr. X の居所を推定するしかない．この確率分布は，交通網がロンドン全域に拡がっていることにともない，ロンドン全域を覆っている．そこに「Mr. X をリージェント・ストリートで目撃した」という情報が入ったとする（リージェント・ストリートはロンドン中心部にある有名なショッピング大通り）．すると，Mr. X の居所はリージェント・ストリート近辺である可能性が一挙に高まる．捜索範囲もロンドン全域からこの近辺に狭められる．これは，Mr. X の居所を推定するための確率分布が，ロンドン全域に拡がったものからリージェント・ストリート近辺に局在化されることを意味する．以上の例は，目撃情報を得る前の分布が Bayes 推定における事前分布，目撃情報を得た後の分布が事後分布であることを暗示する．

以下ではしばしば，確率分布 $p_t(i)$ $(i = 1, \cdots, N)$ を $\{p_t(i)\}_{i=1}^{N}$ と記す．確率としての条件

$$\sum_{i=1}^{N} p_t(i) = 1 , \quad p_t(i) \geq 0 \ (i = 1. \cdots, N) \tag{3.27}$$

は，N 次元空間中に「シンプレックス」とよばれる $N-1$ 次元の超平面領域を定める．特に $N = 3$ のとき，シンプレックスは図 3.8 の灰色正三角形の周および内部からなる．シンプレックス上の各点は確率分布 $\{p_t(i)\}_{i=1}^{N}$ の各パターンに対応する（図 3.8）．

ここで，シンプレックス (3.27) を定義域とする確率分布を考えてみる．シンプレックス上の各点 $\{p_t(i)\}_{i=1}^{N}$ も確率分布なので，確率分布の確率分布を考えようと

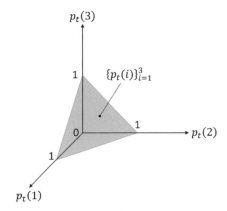

図 3.8 三次元空間におけるシンプレックス：$\sum_{i=1}^{3} p_t(i) = 1$, $p_t(i) \geq 0$ ($i = 1, 2, 3$).

いうのである．確率分布の確率分布として，最も典型的なものは Dirichlet 分布である [14, 15]．

Dirichlet 分布について，あまりなじみのない読者もいるかもしれないので，本章での議論に必要な事項に絞って，以下に説明する[5]．一般に，確率分布 $\boldsymbol{\mu} = \{\mu_i\}_{i=1}^{N}$ の Dirichlet 分布は次式で定められる：

$$\text{Dir}(\boldsymbol{\mu}|\boldsymbol{\alpha}) = C(\boldsymbol{\alpha}) \prod_{i=1}^{N} \mu_i^{\alpha_i - 1}. \tag{3.28}$$

ここで

$$C(\boldsymbol{\alpha}) = \frac{\Gamma(\alpha)}{\prod_{i=1}^{N} \Gamma(\alpha_i)} \tag{3.29}$$

---

[5] Dirichlet 分布のイメージとしてよく引き合いに出されるのが，「N 面体サイコロ」の生成である．確率分布 $\{p(i)\}_{i=1}^{N}$ を，i 番目の目の出る確率が $p(i)$ のサイコロに対応させることができる．したがって，Dirichlet 分布に従って一つの確率分布がサンプルとして生成されることは，一つのサイコロが生成されることに相当する．生成されたサイコロを x 回ふって出た目のパターン $\boldsymbol{x} = (x_1, x_2, \cdots, x_N)$（ここで，$x_i$ は i 番目の目が出た回数であり，$\Sigma_{i=1}^{N} x_i = x$ である）は，多項分布

$$\text{Mult}(x_1, x_2, \cdots, x_N | \{p(i)\}_{i=1}^{N}, x) = \frac{x!}{x_1! x_2! \cdots x_N!} \prod_{i=1}^{N} [p(i)]^{x_i}$$

に従う．特に $x = 1$ のとき（すなわち，サイコロを一回だけふるとき），$\boldsymbol{x}$ はどの目が出たかを表す 1-of-N ベクトル（一つの成分が 1 で他はすべてゼロ）となり，それが従う多項分布は

$$p(\boldsymbol{x}|\{p(i)\}_{i=1}^{N}) = \prod_{i=1}^{N} [p(i)]^{x_i}$$

となる（本文中の式 (3.39) はこれに基づく）．

は規格化定数である. ただし, $\alpha_i > 0$ $(i = 1, \cdots, N)$, $\alpha = \sum_{i=1}^{N} \alpha_i$ であり, $\Gamma(x)$ はガンマ関数である. パラメータ α_i $(i = 1, \cdots, N)$ は集中パラメータとよばれ, 後述のように, 分布の集中の度合いを制御する.

一般に, 確率分布 $p(\boldsymbol{x})$ を最大にする $\boldsymbol{x}$, すなわち, $\arg \max_{\boldsymbol{x}} p(\boldsymbol{x})$ のことを, この確率分布の「最頻値」とよび, $\mathrm{mode}\,[\boldsymbol{x}]$ と記す. Dirichlet 分布 (3.28) の最頻値は次式で与えられる:

$$\mathrm{mode}\,[\mu_i] = \frac{\alpha_i - 1}{\alpha - N} \ . \tag{3.30}$$

ここで式 (3.30) の証明を, やや詳しく述べておく. この証明の式操作は, 確率的機械学習の理論でたびたび登場するものであり, 本章でも繰り返し用いられる [14, 15].

[式 (3.30) の証明]

一般に, $\arg \max_{\boldsymbol{x}} p(\boldsymbol{x}) = \arg \max_{\boldsymbol{x}} \log p(\boldsymbol{x})$ である. すなわち, $p(\boldsymbol{x})$ と $\log p(\boldsymbol{x})$ の最頻値は一致する. 最頻値を求めるには, 対数をとってからの方が計算がしやすい. そこでまず, Dirichlet 分布 (3.28) の対数をとる.

$$\log \mathrm{Dir}\,(\boldsymbol{\mu}|\boldsymbol{\alpha}) = \sum_{i=1}^{N} (\alpha_i - 1) \log \mu_i + 定数 \ . \tag{3.31}$$

次に, μ_i の確率としての条件 $\sum_{i=1}^{N} \mu_i = 1$ を, Lagrange 未定乗数 λ を導入して式 (3.31) に付加する:

$$L \equiv \sum_{i=1}^{N} (\alpha - 1) \log \mu_i + \lambda \left(1 - \sum_{i=1}^{N} \mu_i \right) \ . \tag{3.32}$$

ただし, 定数項 (規格化定数 (3.29) に由来する) は最大化の際に微分されてゼロになり, 最頻値を求める計算に寄与しないので, L を定義する際に省いた. 最頻値は, L の μ_i に関する微分をゼロと置いたものを解くことにより求まる.

$$\frac{\partial L}{\partial \mu_i} = \frac{1}{\mu_i} (\alpha_i - 1) - \lambda = 0 \ .$$

$$\therefore \ \lambda \mu_i = \alpha_i - 1 \ . \tag{3.33}$$

式 (3.33) を i について総和したものに条件 $\sum_{i=1}^{N} \mu_i = 1$ を代入して, $\lambda = \alpha - N$ を得る. よって

$$\mu_i = \frac{\alpha_i - 1}{\lambda} = \frac{\alpha_i - 1}{\alpha - N} \ .$$

$$(\text{Q.E.D.})$$

Dirichlet 分布の平均と分散は次式で与えられる:

第 3 章　ランダムウォーク：コミュニティ抽出のキーツール

$$\mathbb{E}[\mu_i] = \frac{\alpha_i}{\alpha} , \tag{3.34}$$

$$\mathrm{var}[\mu_i] = \frac{\alpha_i(\alpha - \alpha_i)}{\alpha^2(\alpha+1)} . \tag{3.35}$$

式 (3.34) の証明を以下に示す．式 (3.35) もそれと同様にして証明できる．

[式 (3.34) の証明]

$$\mathbb{E}(\mu_i) = \int \left(\prod_{i'=1}^{N} d\mu_{i'} \right) \mu_i \mathrm{Dir}(\boldsymbol{\mu}|\boldsymbol{\alpha})$$

$$= \int \left(\prod_{i'=1}^{N} d\mu_{i'} \right) \mu_i \frac{\Gamma(\alpha)}{\prod_{i'=1}^{N}\Gamma(\alpha_{i'})} \prod_{i'=1}^{N} \mu_{i'}^{\alpha_{i'}-1}$$

$$= \int \left(\prod_{i'=1}^{N} d\mu_{i'} \right) \frac{\Gamma(\alpha)}{\prod_{i'=1}^{N}\Gamma(\alpha_{i'})} \left(\prod_{i' \neq i} \mu_{i'}^{\alpha_{i'}-1} \right) \mu_i^{\alpha_i+1-1}$$

$$= \frac{\Gamma(\alpha)\Gamma(\alpha_i+1)}{\Gamma(\alpha+1)\Gamma(\alpha_i)}$$

$$\int \left(\prod_{i'=1}^{N} d\mu_{i'} \right) \frac{\Gamma(\alpha+1)}{\left(\prod_{i' \neq i}\Gamma(\alpha_{i'}) \right)\Gamma(\alpha_i+1)} \left(\prod_{i' \neq i} \mu_{i'}^{\alpha_{i'}-1} \right) \mu_i^{\alpha_i+1-1}$$

$$= \frac{\Gamma(\alpha)\Gamma(\alpha_i+1)}{\Gamma(\alpha+1)\Gamma(\alpha_i)}$$

ガンマ関数の性質 $\Gamma(x+1) = x\Gamma(x)$ を用いて

$$= \frac{\Gamma(\alpha)\alpha_i\Gamma(\alpha_i)}{\alpha\Gamma(\alpha)\Gamma(\alpha_i)} = \frac{\alpha_i}{\alpha} .$$

(Q.E.D.)

α_i $(i=1, \cdots, N)$ が無限大の極限では，分散 (3.35) がゼロになり，Dirichlet 分布 (3.28) は最頻値 (3.30) で無限大のピークをもつデルタ関数になる（図 3.9 左を参考）．このとき，$\{\mu_i\}_{i=1}^{N}$ は

$$\mu_i = \frac{\alpha - \alpha_i}{\alpha - N} \ (i=1, \cdots, N) \tag{3.36}$$

を満たすただ一点に定まる．一方，α_i $(i=1, \cdots, N)$ が有限のときには，Dirichlet 分布 (3.28) は拡がりをもち（図 3.9 中央および右を参考），式 (3.36) を満たさない $\{\mu_i\}_{i=1}^{N}$ も確率的に生成される．以上から，α_i $(i=1, \cdots, N)$ を集中パラメータと名付ける理由が納得できるであろう．

本題に戻り，$\{p_t(i)\}_{i=1}^{N}$ の従う確率分布を考える．確率分布の確率分布なので，

図 3.9 $N=3$ の Dirichlet 分布 $\mathrm{Dir}(\boldsymbol{\mu}|\boldsymbol{\alpha})$. 左: α_i ($i=1, 2, 3$) が大きくなると, Dirichlet 分布はデルタ関数に近づいていく (図は $\alpha_1 = \alpha_2 = \alpha_3 = 50$ のとき). 中央および右: α_i ($i=1, 2, 3$) が有限のときには Dirichlet 分布は拡がりをもつ (中央および右の図は, それぞれ, $\alpha_1 = \alpha_2 = \alpha_3 = 10$ および $\alpha_1 = \alpha_2 = \alpha_3 = 2$ のとき). シンプレックス上の各点 $\{\mu_i\}_{i=1}^3$ における $\mathrm{Dir}(\boldsymbol{\mu}|\boldsymbol{\alpha})$ の大きさをグレースケールで表す.

まずこれを Dirichlet 分布とする. 次に, 先に述べたスコットランドヤードの例を思い出そう. まだ目撃情報が一つも得られていないときには, Mr. X の居所をマルコフ連鎖 (3.20) の定常状態で推定するとした. したがって, この Dirichlet 分布が $\{p_t(i)\}_{i=1}^N$ の事前分布であるならば, その最頻値はマルコフ連鎖の式 (3.20) を満たすべきである. 以上から, $\{p_t(i)\}_{i=1}^N$ の従う Dirichlet 分布が次の形に定められる:

$$p\left(\{p_t(i)\}_{i=1}^N\right) = C \prod_{i=1}^N [p_t(i)]^{\left(\alpha \sum_{j=1}^N T_{ij} p_{t-1}(j) + 1\right) - 1}. \tag{3.37}$$

ここで

$$C = \frac{\Gamma(\alpha + N)}{\prod_{i=1}^N \Gamma\left(\alpha \sum_{j=1}^N T_{ij} p_{t-1}(j) + 1\right)} \tag{3.38}$$

は規格化定数である. α (≥ 0) はパラメータである. $\alpha_i \sum_{i=1}^N T_{ij} p_{t-1}(j)$ というように, i ごとに異なるパラメータ α_i を導入してもよいが, ここでは簡単のために, すべての i に対して共通なパラメータ α を一つだけ導入した.

Dirichlet 分布 (3.37) の集中パラメータは

$$\alpha \sum_{j=1}^N T_{ij} p_{t-1}(j) + 1 \ (i=1, \cdots, N)$$

である. したがって, $\alpha \to +\infty$ において, Dirichlet 分布 (3.37) は最頻値, すなわち, マルコフ連鎖の式 (3.20) を満たす点ただ一つに $\{p_t(i)\}$ を定める. 一方, α (> 0) が有限ならば, Dirichlet 分布 (3.37) は最頻値のまわりに拡がりをもつ. このときには, 最頻値に一致しない, すなわち, 式 (3.20) を満たさない $\{p_t(i)\}_{i=1}^N$ も確率的に生成される.

Dirichlet 分布 (3.37) は, Markov 連鎖 (3.20) を「確率的に一般化」したものとみなせる. Markov 連鎖自体が確率的なシステムなので, それをさらに確率化するとい

うのは奇妙に感じられるかもしれない．しかしながらそのおかげで，もとの Markov 連鎖 (3.20) に（それが最頻であるという意味で）影響されつつも，そこからずれたパターンの $\{p_t(i)\}_{i=1}^N$ —その中には求めたいパーソナライズド PageRank アルゴリズムの式に従うものも含まれる—を確率的に生成できるようになったのである．先に種明かしをすると，Dirichlet 分布 (3.37) を $\{p_t(i)\}_{i=1}^N$ の事前分布とし，これに観測結果を反映する尤度関数を組合わせることにより，Bayes の定式化を通じて，求めたいパーソナライズド PageRank アルゴリズムの式が最頻値になるように事後分布を定めることができるのである．

事前分布が式 (3.37) で定まったので，次に，Bayes の定式化におけるもう一方の柱である尤度関数を定める．Mr. X の居所について，D 個の目撃情報が通知されたとする．第 d 番目の目撃情報を 1-of-N ベクトル $\boldsymbol{\tau}^{(d)}$ で表す．第 $i_s^{(d)}$ 番目の成分が 1 であることで，Mr. X がノード $i_s^{(d)}$ にいるところが目撃されたことを表す．次に，目撃情報 $\boldsymbol{\tau}^{(d)}$ が得られる確率を，$\{p_t(i)\}_{i=1}^N$ を用いてモデル化する．このときには，$\{p_t(i)\}_{i=1}^N$ は確率変数ではなく，パラメータとして扱われることに注意したい．確率変数として扱われるのは $\boldsymbol{\tau}^{(d)}$ の方である．したがって，$\boldsymbol{\tau}^{(d)}$ の条件付き確率 $p\left(\boldsymbol{\tau}^{(d)} \mid \{p_t(i)\}_{i=1}^N\right)$ は $\{p_t(i)\}_{i=1}^N$ の尤度関数である．

一般に，$\boldsymbol{x}$ の事前分布 $p(\boldsymbol{x})$ と尤度関数 $p(\boldsymbol{y}|\boldsymbol{x})$ に対して，事後分布 $p(\boldsymbol{x}|\boldsymbol{y})$ が $\boldsymbol{x}$ について $p(\boldsymbol{x})$ と同じ形をしているとき，$p(\boldsymbol{x})$ と $p(\boldsymbol{y}|\boldsymbol{x})$ は共役であるという．例えば，事前分布が Dirichlet 分布であるとき，尤度関数が多項分布であるならば，事後分布も Dirichlet 分布になる [14, 15]．このように，Dirichlet 分布と多項分布は共役関係にある．共役関係を仮定すると，解析的な計算がしやすくなる．

さて，$\{p_t(i)\}_{i=1}^N$ の事前分布として Dirichlet 分布 (3.37) を仮定したので，尤度関数としては Dirichlet 分布に共役な多項分布を仮定する：

$$p\left(\boldsymbol{\tau}^{(d)} \mid \{p_t(i)\}_{i=1}^N\right) = \prod_{i=1}^N [p_t(i)]^{\tau_i^{(d)}} . \tag{3.39}$$

目撃情報 $\boldsymbol{\tau}^{(1)}, \cdots, \boldsymbol{\tau}^{(D)}$ が独立同分布に従って得られると仮定すると，データ $\mathcal{D} = \left\{\boldsymbol{\tau}^{(1)}, \cdots, \boldsymbol{\tau}^{(D)}\right\}$ が得られる確率は独立積として表され，

$$p\left(\mathcal{D} \mid \{p_t(i)\}_{i=1}^N\right) = \prod_{d=1}^D \left(\prod_{i=1}^N [p_t(i)]^{\tau_i^{(d)}}\right) , \tag{3.40}$$

となる．

事前分布 (3.37) と尤度関数 (3.40) から，Bayes の定理を用いて $\{p_t(i)\}_{i=1}^N$ の事後分布が求まる：

$$p\left(\{p_t(i)\}_{i=1}^N \mid \mathcal{D}\right) = \frac{p\left(\mathcal{D} \mid \{p_t(i)\}_{i=1}^N\right) p\left(\{p_t(i)\}_{i=1}^N\right)}{\int \left(\prod_{i=1}^N dp_i(i)\right) p\left(\mathcal{D}, \{p_t(i)\}_{i=1}^N\right)} . \tag{3.41}$$

3.3 代表的なコミュニティ抽出：ランダムウォークの枠組みによる定式化 | 115

右辺の分母は，$\{p_t(i)\}_{i=1}^N$ については定数であるので

$$p\left(\{p_t(i)\}_{i=1}^N \,|\mathcal{D}\right) \propto p\left(\mathcal{D}|\{p_t(i)\}_{i=1}^N\right) p\left(\{p_t(i)\}_{i=1}^N\right) \ . \tag{3.42}$$

これに式 (3.37) と式 (3.39) を代入して整理すると，事後分布は

$$p\left(\{p_t(i)\}_{i=1}^N \,|\mathcal{D}\right) \sim \prod_{i=1}^N [p_t(i)]^{\sum_{d=1}^D \tau_i^{(d)} + \alpha \sum_{j=1}^N T_{ij} p_{t-1}(j)} \tag{3.43}$$

となる．式 (3.43) の事後分布 (3.43) も事前分布 (3.37) と同じく Dirichlet 分布になっている．これは事前分布と尤度関数が共役関係にあることのおかげである．

目撃情報 $\tau^{(1)}, \cdots, \tau^{(D)}$ を得た後の Mr. X の居所を，事後確率 (3.43) を最大化する $\{p_t(i)\}_{i=1}^N$ で推定する．Dirichlet 分布 (3.28) の最頻値が (3.30) であることを証明したのと同様な式操作を通じて（あるいは，式 (3.30) を公式として用いることにより），事後確率 (3.43) の最頻値は次を満たすことが示される：

$$p_t(i) = \frac{\alpha}{\alpha + D} \sum_{j=1}^N T_{ij} p_{t-1}(j) + \frac{D}{\alpha + D} \frac{1}{D} \sum_{d=1}^D \tau_i^{(d)} \ . \tag{3.44}$$

$\frac{D}{\alpha+D} = \rho$ と置くと（$\frac{\alpha}{\alpha+D} = 1 - \rho$ となり），式 (3.44) はパーソナライズド PageRank アルゴリズムの式 (3.26) に一致する．以上で，パーソナライズド PageRank アルゴリズムを Bayes の枠組みで定式化できることが示された．

3.3 代表的なコミュニティ抽出：ランダムウォークの枠組みによる定式化

3.3.1 コミュニティ

本章の冒頭で「コミュニティ」とはネットワークの中の密につながった部分であると述べた．実世界の様々なネットワークにこのような構造があることは，直観的にはうなずけるであろう．例えば，ソーシャルネットワークサービス (SNS) における知人関係のネットワークでは，同級生の集まり，同じ活動に奉仕する人々，などが密につながってコミュニティを形成するであろう．あるいは，World Wide Web においては，同じ系統のトピックを扱うウェブページが，それらの間に高い頻度でリンクがはられることにより，コミュニティを形成するであろう．とはいえ，冒頭のような言い方では，コミュニティの定義として，いささかあいまいである．以下では，ランダムウォークの概念を用いて，「コミュニティ」とは何かを，より具体的に定めていく．

3.3.2 ランダムウォークの滞留としてのコミュニティ

ここであらためて，Mr. X がネットワーク上をランダムウォークしているところを想像する．ネットワークが密につながった部分を持つとする．このとき，Mr. X の挙動は次のようになるであろう：Mr. X は，ある密なかたまり部分に捕らえられてしばらくその中を歩き回り，あるときたまたま別のかたまり部分に移ってしばらくその中を歩き回り，またあるときたまたま別のかたまり部分に移ってしばらくその中を歩き回り，…．このように，個々のかたまり部分にランダムウォークの「滞留」がともなう．以上の考察から，コミュニティをランダムウォークの滞留で定めるという考えに到達する（図 3.10）．そこで，本節 3.3 および次節 3.4 では，3.2 節で概観した数学的道具立てを駆使して，コミュニティをランダムウォークの滞留として記述することを試みる．

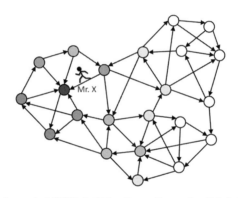

図 3.10 ランダムウォークの滞留としてのコミュニティ．ノードの色の濃さでそこに Mr. X がいる確率を表す．より濃い色はより高い確率を表す．ノードの色が濃くなっている領域にランダムウォークの滞留が起こっている．このような滞留領域として定められたコミュニティは，明確な境界線を持たず，ノードの色の濃いところから薄いところにかけて遍在的に (pervasively) 拡がっていることを特徴とする．

本節では，コミュニティ抽出の方法としては最も代表的であり，かつ，コミュニティ抽出の標準とされている「モジュラリティ最大化」[16–18]，および，ベンチマークを用いた比較 [19, 20] で常にトップの成績を示す「インフォマップ」[21–25] を紹介する．これらの方法がともに，コミュニティをランダムウォークの滞留とみなしてこれらを抽出しようとするものであり，ランダムウォークの枠組みの下で定式化されることを概観する．

3.3.3 モジュラリティ最大化
(1) もとの定式化

モジュラリティ最大化は，もともとはランダムウォークとは一見無関係な枠組みの下で定式化された [16–18]．後に，ランダムウォークの枠組みに基づくことにより，さらに一般化された形で再定式化された [26–28]．ここではまず，もとの定式化について概観する．

「モジュラリティ」とはネットワークの分割 (partition) に関する指標である．以下では簡単のために，リンクは無向（すなわち，隣接行列は対称：$A_{ij} = A_{ji}$）でその重みは二値的（$A_{ij} = 1$ または 0）である場合を考える．

ネットワークを分割する方法は，いくつに分けるか，あるいは，どこで区切るかで，いく通りもある（図 3.11）．そこで，一つ一つの分割を評価するための量—これを「モジュラリティ」とよぶ—を次式で定義する：

$$Q \equiv \frac{1}{2L} \sum_{i,\,j=1}^{N} A_{ij} \delta(g_i, g_j) \,. \tag{3.45}$$

ここで，$\delta(g_i, g_j)$ は分割の仕方を表し，ノード i と j が同じ組に属するならば $\delta(g_i, g_j) = 1$，異なる組に属するならば $\delta(g_i, g_j) = 0$ である．式 (3.45) で定義されたモジュラリティは，リンクの総数 $L = \frac{1}{2} \sum_{i,\,j=1}^{N} A_{ij}$ に対する，境界をまたがないリンクの数の割合を表す．あらゆる分割方法の中から Q を最大にする（すなわち，境界をまたぐリンクの数を最小にする）ものを探し出し，それが与える各組をコミュニティとみなす，というのがモジュラリティ最大化によるコミュニティ抽出の考え方である．

しかしながら，式 (3.45) の形のままでは，ネットワーク全体を一つに分割するときに Q は最大（$Q = 1$）になり，ネットワーク全体が一つのコミュニティという意味のない結果が導かれる．ネットワーク科学では，このような無意味な結果を排除するために「ナル (null) ネットワーク」の処方を用いる．もとのネットワークから

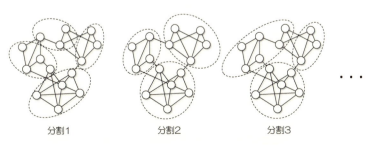

図 3.11 ネットワークのさまざまな分割

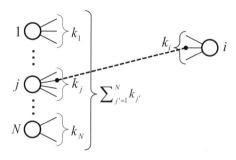

図 3.12 リンクのランダムなつなぎなおしによるナルネットワークの構成. ノード i の一つの手がノード j の k_j 本の手のいずれかとつながる確率は $k_j / \sum_{j'=1}^{N} k_{j'}$. ノード i は k_i 本の手を持つので, ノード i と j がつながる確率は $\left(k_j / \sum_{j'=1}^{N} k_{j'} \right) \times k_i$.

ナルネットワークを次の手順で構成する（図 3.12）：まず，すべてのリンクを切断する；次に，各ノードの次数（ノードに付随するリンクの数，3.2.2 項-(5) 参照）が維持されるようにノード間をランダムにつなぎなおす；ノード i と j の接続確率 P_{ij} でナルネットワークの隣接行列 $\boldsymbol{P} = (P_{ij})$ を定める：

$$P_{ij} = \frac{k_j}{\sum_{j'=1}^{N} k_{j'}} \times k_i = \frac{k_i k_j}{2L}. \tag{3.46}$$

ナルネットワークではランダム化により元のネットワークの個性が消されている．したがって，ナルネットワークを基準としてそこからの差異を検出することにより，元のネットワークの特徴を明らかにすることができる．そこで，式 (3.45) を次のように修正して，モジュラリティを定義し直す：

$$Q \equiv \frac{1}{2} \sum_{i,\,j=1} (A_{ij} - P_{ij}) \delta(g_i, g_j). \tag{3.47}$$

式 (3.47) に従えば，Q の値はゼロ付近から 1 までの間を動く．ネットワーク全体を一つの組としたとき（$\delta(g_i, g_j) = 1$ for $\forall\, i, j$）には $Q = 0$ となり，もはやネットワーク全体が一つのコミュニティと判定されることはない．経験的には，最大化されたモジュラリティの値が 0.3 を超えるならば，そのネットワークはコミュニティ構造を持つとみなされる．

あらゆる分割を列挙してその中からモジュラリティを最大にするものを見つけ出すという問題は NP 困難である．Louvain 法 [29] はモジュラリティ最大化を近似的に解く方法として提案された．これは貪欲型のアルゴリズムであり，大域最大を保障するものではないが，非常に高速であり，精度も経験的に優れている．

(2) モジュラリティのランダムウォーク定式化

次に，ランダムウォークの枠組みに基づくことにより，モジュラリティを式 (3.47)

3.3 代表的なコミュニティ抽出：ランダムウォークの枠組みによる定式化 119

よりもさらに一般化した形で定式化できることを示す [26–28]. そのために，ランダムウォークを連続時間で記述するマスター方程式 (3.10) に立ち返る. マスター方程式の形式解は

$$p_t(i) = \sum_{j=1}^{N} T_{ij}^{(C)}(t) p_0(j) \tag{3.48}$$

で与えられる. ここで

$$T_{ij}^{(C)}(t) = \left(e^{-t(I-T)} \right)_{ij} \tag{3.49}$$

は，ノード j から時間幅 t の後にノード i に移動している確率である. ただし，$I = (\delta_{ij})$ および $T = (T_{ij})$ は，それぞれ，$N \times N$ の単位行列および式 (3.1) の遷移確率を成分とする行列である.

ネットワークを K 個の組に分割する仕方が一つ与えられたとする. 時刻 0 に，ある組のいずれかのノードにいた Mr. X が，長さ t の時間の後にも同じ組のいずれかのノードにいる確率は，時刻 0 における Mr. X の確率分布がすでに定常状態にあるならば

$$\sum_{i,\,j=1}^{N} \left(e^{-t(I-T)} \right)_{ij} p(j) \delta(g_i,\, g_j) \tag{3.50}$$

である. 一方，前節で述べたランダム化の手続きで構成されたナルネットワークに同じ分割を適用したとき，時刻 0 に，ある組のいずれかのノードにいた Mr. X が，無限時間の後に同じ組のいずれかのノードにいる確率は

$$\sum_{i,\,j=1}^{N} p(i) p(j) \delta(g_i,\, g_j) \tag{3.51}$$

である. 確率 (3.50) から確率 (3.51) を引いた次の量を考える：

$$R(t) = \sum_{i,\,j=1}^{N} \left[\left(e^{-t(I-T)} \right)_{ij} p(j) - p(i) p(j) \right] \delta(g_i,\, g_j) . \tag{3.52}$$

分割がランダムウォークの滞留部分をうまく切り取るものであるならば，$R(t)$ は大きくなるはずである

式 (3.52) には行列の指数関数 $e^{-t(I-T)}$ が登場する. このままの形では扱いが困難である. なぜならば，行列 X の指数関数は無限級数 $e^{X} = \sum_{n=0}^{+\infty} \frac{1}{n!} X^n$ で定義されるので，その正確な値を求めるためには行列 X の無限乗までを計算する必要があるが，そのようなことは現実には不可能だからである. そこで，$e^{-t(I-T)}$ を $I - T$ の一次までの展開で近似する：

$$e^{-t(I-T)} \approx I - t(I-T) . \tag{3.53}$$

120 第3章 ランダムウォーク：コミュニティ抽出のキーツール

式 (3.53) を (3.50) に代入して

$$R(t) = \sum_{i,\,j=1}^{N} \left[t T_{ij} p(j) - p(i)p(j) \right] \delta\left(g_i,\,g_j\right) + 1 - t \tag{3.54}$$

を得る．これから次の量をつくる：

$$Q(t) \equiv \frac{R(t) - (1-t)}{t} = \sum_{i,\,j=1}^{N} \left[T_{ij} p(j) - \frac{1}{t} p(i)p(j) \right] \delta(g_i,\,g_j)\,. \tag{3.55}$$

無向グラフに対する定常解は，3.2.2 項-(5) で述べたように，解析的に $p(i) = k_i/2L$ で与えられる．さらに，$T_{ij} = A_{ij}/k_j$ である．これらを式 (3.55) に代入すると

$$Q(t) = \frac{1}{2L} \sum_{i,\,j=1}^{N} \left(A_{ij} - \gamma \frac{k_i k_j}{2L} \right) \delta(g_i,\,g_j)\,, \tag{3.56}$$

となる [30]．ただし

$$\gamma = \frac{1}{t} \tag{3.57}$$

である．$\gamma = 1$ とすれば式 (3.56) はもともとのモジュラリティ (3.47) に一致する．実は γ は重要な意味を持つ．γ を大きく（小さく）とるということは，時間幅 t を小さく（大きく）とるということである．時間幅 t はランダムウォークの滞留時間を表す．したがって，γ を大きく設定することは，短い滞留時間でコミュニティを定めることに相当する．逆に，γ を小さく（t を大きく）設定することは，長い滞留時間でコミュニティを定めることに相当する．実際，γ をより大きな値に設定して Louvain 法で式 (3.56) の $Q(t)$ を最大化すると，ネットワークはよりたくさんのより小さなコミュニティに分割される．反対に，γ をより小さな値に設定すると，ネットワークはより少数のより大きなコミュニティに分割される．これらは，γ がコミュニティ分解の解像度を制御するパラメータであることを意味する．モジュラリティのもともとの定式では，この解像度パラメータの値が暗に 1 に設定されていたのである．このように，ランダムウォークの枠組みに基づくことにより，モジュラリティが，コミュニティ分解の解像度を制御する機構を含むように一般化されて定式化された．

3.3.4　インフォマップ

「マップ方程式」は，ネットワーク上のランダムウォークを符号化した際の記述長を表す情報量である．「インフォマップ」とは，マップ方程式の最小化を通じてコミュニティを抽出する方法の呼称である．本項では，マップ方程式とインフォマップについて，ごく簡単に紹介する．より詳しい内容については，サイト [21] におけるチュートリアルあるいは原著論文 [22–25] を参照してほしい．

3.3 代表的なコミュニティ抽出：ランダムウォークの枠組みによる定式化   121

ネットワークを K 個に分割する仕方が一つ与えられたとする．シャノンの情報源符号化定理 [31] により，マップ方程式 L_M は次のような，重みを付けて情報エントロピー H を足したものとして与えられる：

$$L_\mathrm{M} = \sum_{k=1}^{K} p_\circlearrowleft(t) H\left(\mathcal{P}^k(t)\right) + q_\leftarrow(t) H\left(\mathcal{Q}(t)\right) . \tag{3.58}$$

ここで

$$H\left(\mathcal{P}^\alpha(t)\right) = -\frac{q_{k\to}(t)}{p_\circlearrowleft^k(t)} \log_2 \left(\frac{q_{k\to}(t)}{p_\circlearrowleft^k(t)}\right) - \sum_{i\in C_k} \frac{p(i)}{p_\circlearrowleft^k(t)} \log_2 \left(\frac{p(i)}{p_\circlearrowleft^k(t)}\right) , \tag{3.59}$$

$$H\left(\mathcal{Q}(t)\right) = -\sum_{k=1}^{K} \frac{q_{k\leftarrow}(t)}{q_\leftarrow(t)} \log_2 \left(\frac{q_{k\leftarrow}(t)}{q_\leftarrow(t)}\right) \tag{3.60}$$

である．$q_{k\to}(t)$ および $q_{k\leftarrow}(t)$ は，それぞれ，時間幅 t の間にグループ k を離れる確率およびグループ k に入る確率であり，次式で定義される：

$$q_{k\to}(t) = \sum_{i\notin C_k} \sum_{j\in C_k} \left(e^{-t(\boldsymbol{I}-\boldsymbol{T})}\right)_{ij} p(j) , \tag{3.61}$$

$$q_{k\leftarrow}(t) = \sum_{i\in C_k} \sum_{j\notin C_k} \left(e^{-t(\boldsymbol{I}-\boldsymbol{T})}\right)_{ij} p(j) . \tag{3.62}$$

$q_\to$ および $q_\leftarrow$ は，それぞれ，時間幅 t の間にいずれかのグループを離れる確率およびいずれかのグループに入る確率であり，次式で定義される：

$$q_\to(t) = \sum_k q_{k\to}(t) , \tag{3.63}$$

$$q_\leftarrow(t) = \sum_k q_{k\leftarrow}(t) . \tag{3.64}$$

さらに，$p_\circlearrowleft^k$ は時間幅 t の間にグループ k にとどまるかそこを離れる確率であり，次式で定義される：

$$p_\circlearrowleft^k(t) = q_{k\to}(t) + \sum_{i\in C_k} p(i) . \tag{3.65}$$

式 (3.61) および式 (3.62) に登場する遷移確率行列 $\boldsymbol{T}^{(C)}(t)e^{-t(\boldsymbol{I}-\boldsymbol{T})}$ は，モジュラリティのランダムウォーク定式化の際に述べたのと同じ理由により，直接は計算不可能である．そこで，いささかアドホック（ご都合主義的）ではあるが，次の置き換えを行う．

$$\boldsymbol{T}^{(C)}(t) = \begin{cases} (1-t)\boldsymbol{I} + t\boldsymbol{T} & t < 1 , \\ t\boldsymbol{T} & t \geq 1 . \end{cases} \tag{3.66}$$

あらゆる分割の中で，マップ方程式 (3.58) を最小にするものがネットワークをコ

122 第 3 章 ランダムウォーク：コミュニティ抽出のキーツール

ミュニティ分解に分解するものであるとみなして，そのような分割を探す．実際には，モジュラリティ最大化の場合と同様，Louvain 法を用いてこれを求める．上記の定式化はパラメータ t を含む．これはモジュラリティのランダムウォーク定式化の場合と同様，コミュニティ分解の解像度を制御する．すなわち，t をより小さな（大きな）値に設定して Louvain 法でマップ方程式 (3.58) を最小化すると，ネットワークはよりたくさんの（少数の）より小さな（大きな）コミュニティに分解される．

3.4　コミュニティ抽出機能の拡張

3.4.1　マルコフ連鎖のモジュール分解

　前節では，代表的なコミュニティ抽出方法であるモジュラリティ最大化およびインフォマップがどちらも，コミュニティをランダムウォークの滞留とみなすことに基づいて定式化されることを概観した．本節では 3.2 節で学んだネットワーク上のランダムウォークの方法を駆使して，より根本的にランダムウォークの枠組に立脚した議論を展開する．それにより，モジュラリティ最大化およびインフォマップを含む，従来の多くのコミュニティ抽出方法では手が及ばなかった「遍在的コミュニティ」の抽出を可能とする方法に至る [32, 33]．

(1) 混合分布としての表現

　ネットワークが複数の密につながった部分から構成されるならば，個々の部分にランダムウォークが滞留する．そこで，これらの滞留一つ一つを切り出して，それぞれを個別のランダムウォークとみなしてみる（図 3.13）．個別のランダムウォークを条件付き確率 $p(i|k)$ で表す．すなわち，$p(i|k)$ は Mr. X がコミュニティ k に滞在しているという条件の下で，彼がノード i にいる確率である．一方，どのコミュニティに滞在しているかに関わらず，Mr. X がノード i にいる確率が $p(i)$ であり，これはマルコフ連鎖 (3.20) の定常状態として与えられる．そこで，$p(i)$ が $p(i|k)$ を用いて次のように分解されると仮定する（図 3.13）：

$$p(i) = \sum_{k=1}^{K} \pi(k) p(i|k) . \tag{3.67}$$

ここで，K はコミュニティの総数である；$\pi(k)$ は Mr. X がコミュニティ k に滞在する確率であり，$\pi(k) \geq 0$ かつ $\sum_{k=1}^{K} \pi(k) = 1$ を満たす．

　ところで，$p(i)$ はネットワーク全体を覆う大域的な確率分布である．一方，$p(i|k)$ は個々のコミュニティに偏った局所的な確率分布である．式 (3.67) は，大域分布を局所分布の線形和として表す．式 (3.20) の繰り返しの計算により，$p(i)$ 自体は容易

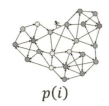

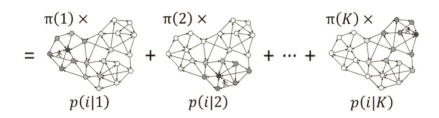

図 3.13 マルコフ連鎖のモジュール分解．大域的な確率 $p(i)$ を局所的な確率 $p(i|k)$ ($k = 1, \cdots, K$) の混合和として表す：$p(i) = \sum_{k=1}^{K} \pi(k) p(i|k)$.

に求まる（特に，無向グラフの場合には，$p(i)$ は解析解 (3.21) で与えられる）．したがって，$p(i)$ を入力として，式 (3.67) の $p(i|k)$ と $\pi(k)$ を解くことができれば，ランダムウォーク滞留として定めたコミュニティにネットワークを分解すること，すなわち，ネットワークからのコミュニティ抽出を達成できる．

以下では，実際に $p(i|k)$ と $\pi(k)$ を解く方法を導く．実は，式 (3.67) を仮定してしまえば，確率的機械学習の正統的な手続きに従うことにより，なかば自動的にこれらを解くことができる．式 (3.67) は大域分布 $p(i)$ が局所分布 $p(i|k)$ の「混合分布」であることを主張するが，確率的機械学習では混合分布を解くためのレシピ（方策）である「潜在変数の方法」が確立されている．以下の議論はこのレシピに従って展開される．潜在変数の方法にあまり詳しくなくても理解できるように以下では「混合分布の解法」をステップに分けて記述するが，それでも不明な読者は機械学習理論の定番教科書 [14, 15] を参照してもらいたい．なお，後ほど明かされるが，局所確率分布 $p(i|k)$ はパーソナライズド PageRank アルゴリズムの定常状態解として定められる．

(2) 混合分布の解法ステップ 1：事前分布の導入

ここで再び，3.2.2 項で述べたスコットランドヤードの例を持ち出そう．Mr. X は指名手配されていて，広く市民に目撃情報の提供がよびかけられている．目撃情報の提供が一件もない段階における $\{p_t(i|k)\}_{n=1}^{N}$ の分布（事前分布）として，次の Dirichlet 分布を仮定する：

$$p\left(\{p_t(i|k)\}_{n=1}^N \mid \{p_{t-1}(i|k)\}_{n=1}^N\right) \sim \prod_{i=1}^N [p_t(i|k)]^{\left(\alpha \sum_{j=1}^N T_{ij}p_{t-1}(j|k)+1\right)-1} .$$

$$(3.68)$$

これは，パーソナライズド PageRank アルゴリズムの Bayes 定式化で仮定した Dirichlet 事前分布 (3.37) と同じく，マルコフ連鎖の確率的一般化になっている．$\alpha \to +\infty$ では，$\{p_t(i|k)\}_{i=1}^N$ がマルコフ連鎖の式 (3.20) に相当する

$$p_t(i|k) = \sum_{j=1}^N T_{ij}p_{t-1}(j|k) \qquad (3.69)$$

を満たす点で無限大のピークを持つデルタ関数になる．$\alpha\ (>0)$ の値が有限のときには，$\{p_t(i|k)\}_{i=1}^N$ は (3.69) を満たす点以外のところにも確率的に生成される．

(3) 混合分布の解法ステップ 2：事前分布に共役な尤度関数

「Mr. X がノード $i_{\text{from}}^{(d)}$ から $i_{\text{to}}^{(d)}$ へのリンクを通過しているところを目撃した」という情報がもたらされたとする．この目撃事象 (以下では「観測」とよぶ) を 2-of-N ベクトル (二つの成分が 1 であり，他はすべてゼロの N 次元ベクトル)

$$\boldsymbol{\tau}^{(d)} = \left(\tau_i^{(d)}\right) = \left(\delta_{i,\ i_{\text{from}}^{(d)}} + \delta_{i,\ i_{\text{to}}^{(d)}}\right)$$

で表す．Mr. X がコミュニティ k に滞在しているという条件の下で観測結果 $\boldsymbol{\tau}^{(d)}$ が得られる確率として，Dirichlet 分布に共役な次の多項分布を仮定する：

$$p\left(\boldsymbol{\tau}^{(d)} \mid \{p_t(i|k)\}_{i=1}^N\right) = 2\prod_{i=1}^N [p_t(i|k)]^{\tau_i^{(d)}} . \qquad (3.70)$$

ここでは，確率変数は $\boldsymbol{\tau}^{(d)}$ であり，$\{p_t(i|k)\}_{i=1}^N$ は多項分布のパラメータである．すなわち，式 (3.70) は $\{p_t(i|k)\}_{i=1}^N$ の尤度関数である．

(4) 混合分布の解法ステップ 3：潜在変数の導入

D 回の観測の結果をまとめて $\mathcal{D} = \left\{\boldsymbol{\tau}^{(1)}, \cdots, \boldsymbol{\tau}^{(D)}\right\}$ と書き，これを「観測データ」とよぶことにする．個々の観測 $\boldsymbol{\tau}^{(1)}, \cdots, \boldsymbol{\tau}^{(D)}$ は同じ条件の下で互いに独立に行われること (独立同分布) を仮定する．ここで，観測 d が行われたときに Mr. X がどのコミュニティに滞在していたかを表す潜在変数 $\boldsymbol{z}^{(d)}$ を導入する．Mr. X がどのリンクを通過していたかは観測されるが，彼がどのコミュニティに滞在していたかは直接には観測されずに推定されるだけなので，「潜在」変数というよび方をする．$\boldsymbol{z}^{(d)}$ は 1-of-K ベクトル (一つの成分だけが 1 であり，他はすべてゼロの K 次元ベクトル) である．例えば，観測 d が行われるときに Mr. X がコミュニティ k に滞在していることを，$z_{k'}^{(d)} = \delta_{k'k}\ (k' = 1, \cdots, K)$ で表す．$\boldsymbol{z}^{(d)}$ は次の多項

分布に従うと仮定する：

$$p\left(\boldsymbol{z}^{(d)}|\boldsymbol{\pi}\right) = \prod_{k=1}^{K} [\pi(k)]^{z_k^{(d)}} \quad . \tag{3.71}$$

ここで，$\boldsymbol{\pi} = \{\pi(k)\}_{k=1}^{K}$ はこの多項分布のパラメータであり，$\pi(k) \geq 0$ かつ $\sum_{k=1}^{K} \pi(k) = 1$ を満たす．

(5) 混合分布の解法ステップ4：事後分布の導出

$\boldsymbol{\tau}^{(d)}$ と $\boldsymbol{z}^{(d)}$ の同時確率は

$$\begin{aligned} p\left(\boldsymbol{\tau}^{(d)}, \boldsymbol{z}^{(d)}|\boldsymbol{P}_t, \boldsymbol{\pi}\right) &= p\left(\boldsymbol{\tau}^{(d)}|\boldsymbol{P}_t, \boldsymbol{z}^{(d)}\right) p\left(\boldsymbol{z}^{(d)}|\boldsymbol{\pi}\right) \\ &= \prod_{k=1}^{K} \left\{ 2\prod_{i=1}^{N} [p_t(i|k)]^{\tau_i^{(d)}} \right\}^{z_k^{(d)}} \prod_{k=1}^{K} [\pi(k)]^{z_k^{(d)}} \\ &\propto \prod_{k=1}^{K} \prod_{i=1}^{N} [p(i|k)]^{z_k^{(d)} \tau_i^{(d)}} \times \prod_{k=1}^{K} [\pi(k)]^{z_k^{(d)}} \quad , \end{aligned} \tag{3.72}$$

となる．ただし，$\boldsymbol{P}_t = \left\{\{p_t(i|k)\}_{i=1}^{N}\right\}_{k=1}^{K}$ と記した．したがって，$\mathcal{D} = \left\{\boldsymbol{\tau}^{(1)}, \cdots, \boldsymbol{z}^{(D)}\right\}$ と $\boldsymbol{Z} = \left\{\boldsymbol{z}^{(d)}\right\}_{d=1}^{D}$ の同時確率は，観測データが独立同分布で生成されると仮定しているので

$$\begin{aligned} p\left(\mathcal{D}, \boldsymbol{Z}|\boldsymbol{P}_t, \boldsymbol{\pi}\right) &\propto \prod_{d=1}^{D} \left\{ \prod_{k=1}^{K} \prod_{i=1}^{N} [p_t(i|k)]^{z_k^{(d)} \tau_i^{(d)}} \times \prod_{k=1}^{K} [\pi(k)]^{z_k^{(d)}} \right\} \\ &= \prod_{k=1}^{K} \left\{ [\pi(k)]^{\sum_{d=1}^{D} z_k^{(d)}} \prod_{i=1}^{N} [p_t(i|k)]^{\sum_{d=1}^{D} z_k^{(d)} \tau_i^{(d)}} \right\} \quad , \end{aligned} \tag{3.73}$$

となる．$\boldsymbol{P}_t$ の事前分布は

$$p\left(\boldsymbol{P}_t|\boldsymbol{P}_{t-1}\right) \propto \prod_{k=1}^{K} \left\{ \prod_{i=1}^{N} [p_t(i|k)]^{\left(\alpha \sum_{j=1}^{N} T_{ij} p_{t-1}(j|k)+1\right)-1} \right\} \tag{3.74}$$

である．したがって，Bayes の定理を用いて，$\boldsymbol{P}_t$ と $\boldsymbol{Z}$ の事後分布を次のように書き下せる：

$$\begin{aligned} p\left(\boldsymbol{P}_t, \boldsymbol{Z}|\mathcal{D}, \boldsymbol{\pi}\right) &= \frac{p\left(\mathcal{D}, \boldsymbol{Z}|\boldsymbol{P}_t, \boldsymbol{\pi}\right) p\left(\boldsymbol{P}_t|\boldsymbol{P}_{t-1}\right)}{p\left(\mathcal{D}|\boldsymbol{\pi}\right)} \\ &\propto p\left(\mathcal{D}, \boldsymbol{Z}|\boldsymbol{P}_t, \boldsymbol{\pi}\right) p\left(\boldsymbol{P}_t|\boldsymbol{P}_{t-1}\right) \\ &\propto \prod_{k=1}^{K} \left\{ [\pi(k)]^{\sum_{d=1}^{D} z_k^{(d)}} \prod_{i=1}^{N} [p_t(i|k)]^{\sum_{d=1}^{D} z_k^{(d)} \tau_i^{(d)} + \alpha \sum_{j=1}^{N} T_{ij} p_{t-1}(j|k)} \right\} \quad . \end{aligned} \tag{3.75}$$

(6) 混合分布の解法ステップ5：EM アルゴリズム

混合分布の解法のテクニックの仕上げは，$p(i|k)$ および $\pi(k)$ を「EM アルゴリズム」により推定することである．事後分布を最大化して $p(i|k)$ および $\pi(k)$ を推定したい．しかしながら，式 (3.75) には潜在変数 $\boldsymbol{Z}$ が裸のまま入っており，このままでは扱いづらい．そういうときには，式 (3.75) を $\boldsymbol{Z}$ について周辺化する：

$$
\begin{aligned}
p(\boldsymbol{P}_t|\mathcal{D},\ \pi) &= \sum_{\boldsymbol{Z}} p(\boldsymbol{P}_t,\ \boldsymbol{Z}|\mathcal{D},\ \boldsymbol{\pi}) \\
&\propto \prod_{d=1}^{D}\left(\sum_{k=1}^{K}\pi(k)\prod_{i=1}^{N}[p_t(i|k)]^{\tau_i^{(d)}}\right) \\
&\quad\times \prod_{k=1}^{K}\left(\prod_{i=1}^{N}[p_t(i|k)]^{\alpha\sum_{j=1}^{N}T_{ij}p_{t-1}(j|k)}\right).
\end{aligned} \tag{3.76}
$$

式 (3.76) 式の対数をとると

$$
\begin{aligned}
\log p(\boldsymbol{P}_t|\mathcal{D},\ \boldsymbol{\pi}) &= \sum_{d=1}^{D}\log\left(\sum_{k=1}^{K}\pi(k)\prod_{i=1}^{N}[p_t(i|k)]^{\tau_i^{(d)}}\right) \\
&\quad + \sum_{k=1}^{K}\sum_{i=1}^{N}\left(\alpha\sum_{j=1}^{N}T_{ij}p_{t-1}(j|k)\right)\log p_t(i|k) + \text{定数},
\end{aligned} \tag{3.77}
$$

となる．ここで，$\sum_{k=1}^{K}r(k|d)=1$ を満たす $r(k|d)\ (\geq 0)$ を導入する：

$$
\begin{aligned}
\log p(\boldsymbol{P}_t|\mathcal{D},\ \boldsymbol{\pi}) &= \sum_{d=1}^{D}\log\left(\sum_{k=1}^{K}r(k|d)\frac{\pi(k)\prod_{i=1}^{N}[p_t(i|k)]^{\tau_i^{(d)}}}{r(k|d)}\right) \\
&\quad + \sum_{k=1}^{K}\sum_{i=1}^{N}\left(\alpha\sum_{j=1}^{N}T_{ij}p_{t-1}(j|k)\right)\log p_t(i|k) + \text{定数}.
\end{aligned} \tag{3.78}
$$

単に $r(k|d)$ を log の中の和の中の分母と分子に挿入しただけである．なんだか唐突だなと感じる読者もいるかもしれないが，これは確率的機械学習で頻繁に用いられる技法である [14,15]．こうしておくと何がうれしいのかというと，以下のように，log の内側の和を log の外に出すための助けになるのである．和が log の外に出て log の内側が掛け算だけになると，解析的な扱いが容易になる．

さて，log の内側の和を log の外に出すための鍵が，式 (3.15-3.16) の証明でも用いた Jensen の不等式である．$\sum_{k=1}^{K}r(k|d)=1$ かつ $r(k|d)\geq 0$ であることに注目して，式 (3.78) に Jensen の不等式を適用する：

$$
\log p(\boldsymbol{P}_t|\mathcal{D},\ \boldsymbol{\pi}) \geq \sum_{d=1}^{D}\sum_{k=1}^{K}r(k|d)\log\left(\frac{\pi(k)\prod_{i=1}^{N}[p_t(i|k)]^{\tau_i^{(d)}}}{r(k|d)}\right)
$$

$$+ \sum_{k=1}^{K} \sum_{i=1}^{N} \left(\alpha \sum_{j=1}^{N} T_{ij} p_{t-1}(j|k) \right) \log p_t(i|k) + 定数$$

$$= \sum_{d=1}^{D} \sum_{k=1}^{K} r(k|d) \left[\log \pi(k) + \sum_{i=1}^{N} \tau_i^{(d)} \log p_t(i|k) - \log r(k|d) \right]$$

$$+ \sum_{k=1}^{K} \sum_{i=1}^{N} \left(\alpha \sum_{j=1}^{N} T_{ij} p_{t-1}(j|k) \right) \log p_t(i|k) + 定数$$

$$\equiv Q\left(\boldsymbol{P}_t, \ \boldsymbol{r}, \ \boldsymbol{\pi}\right) . \tag{3.79}$$

ここで，$\log p\left(\boldsymbol{P}_t|\mathcal{D}, \ \boldsymbol{\pi}\right)$ の下限 Q （$\log p\left(\boldsymbol{P}_t|\mathcal{D}, \ \boldsymbol{\pi}\right) \geq Q$ ）を定義した．$\log p\left(\boldsymbol{P}_t|\mathcal{D}, \ \boldsymbol{\pi}\right)$ では $\log$ の内側にあった和 $\sum_{k=1}^{K}$ が，Q では確かに $\log$ の外に出ている．そこで，$\log p\left(\mathcal{D}, \ \boldsymbol{P}_t|\boldsymbol{\pi}\right)$ の最大化を下限 Q の最大化に置き換えて，$p(i|k)$ と $\pi(k)$ を解く．ただし，$p(i|k)$ と $\pi(k)$ だけでなく，$r(k|d)$ も Q の変数なので，最大化のための関数 Q の微分は，$p(i|k)$ と $\pi(k)$ だけでなく，$r(k|d)$ についても行われる．

関数 Q の最大化を解くための繰り返し計算を，EM アルゴリズムという（EM の E および M は，それぞれ，expectation および maximization の頭文字）．特に，$r(k|d)$ を解くための繰り返し計算を E-step，$p(i|k)$ および $\pi(k)$ を解くための繰り返し計算を M-step という．E-step は次式で与えられる：

$$r(k|d) = \frac{\pi(k) \prod_{i=1}^{N} [p_t(i|k)]^{\tau_i^{(d)}}}{\sum_{k=1}^{K} \pi(k) \prod_{i=1}^{N} [p_t(i|k)]^{\tau_i^{(d)}}} . \tag{3.80}$$

[式 (3.80) の証明]

Lagrange 未定乗数 $\lambda_d \ (d = 1, \ \cdots, D)$ を用いて Q に $r(k|d)$ の満たすべき条件 $\sum_{k=1}^{K} r(k|d) = 1$ を付加したものを，$\tilde{Q}$ とする．

$$\tilde{Q} = \sum_{d=1}^{D} \sum_{k=1}^{K} r(k|d) \left[\log \pi(k) + \sum_{i=1}^{N} \tau_i^{(d)} \log p_t(i|k) - \log r(k|d) \right]$$

$$+ \sum_{k=1}^{K} \sum_{i=1}^{N} \left(\alpha \sum_{j=1}^{N} T_{ij} p_{t-1}(j|k) \right) \log p_t(i|k) + \sum_{d=1}^{D} \lambda_d \left(1 - \sum_{k=1}^{K} r(k|d) \right) .$$

$\tilde{Q}$ を $r(k|d)$ について微分したものをゼロとおく．

$$\frac{\partial \tilde{Q}}{\partial r(k|d)} = \left[\log \pi(k) + \sum_{i=1}^{N} \tau_i^{(d)} \log p_t(i|k) - \log r(k|d) \right] - 1 - \lambda_d = 0 .$$

この式から

128　第3章　ランダムウォーク：コミュニティ抽出のキーツール

$$r(k|d) \propto \pi(k) \prod_{i=1}^{N} [p_t(i|k)]^{\tau_i^{(d)}}$$

であることがわかる．条件 $\sum_{k=1}^{K} r(k|d) = 1$ を用いて比例定数（規格化定数）を定めて，式 (3.80) を得る．

(Q.E.D.)

式 (3.80) を Bayes の式に対応させる：

$$r(k|d) = \frac{p(k)p(d|k)}{\sum_{k=1}^{K} p(k)p(d|k)} = \frac{p(k)p(d|k)}{p(d)} \ . \tag{3.81}$$

ここで，$p(k) = \pi(k)$ は Mr. X がコミュニティ k に滞在する事前確率，$p(d|k) = 2! \prod_{i=1}^{N} [p_t(i|k)]^{\tau_i^{(d)}}$ は Mr. X がコミュニティ k に滞在するという条件の下で観測結果 $\boldsymbol{\tau}^{(d)}$ が得られる確率，すなわち，コミュニティ k の尤度である．したがって，$r(k|d)$ は観測結果 $\boldsymbol{\tau}^{(d)}$ が得られたという条件の下で Mr. X がコミュニティ k に滞在する確率，すなわち，事後確率を表す．

M-step は次式で与えられる：

$$\pi(k) = \frac{D_k}{D} \ , \tag{3.82}$$

$$p_t(i|k) = \frac{\alpha}{\alpha + 2D_k} \sum_{j=1}^{N} T_{ij} p_{t-1}(j|k) + \frac{2D_k}{\alpha + 2D_k} \frac{1}{2D_k} \sum_{d=1}^{D} r(k|d) \tau_i^{(d)} \ . \tag{3.83}$$

ただし $D_k \equiv \sum_{d=1}^{D} r(k|d)$ である．式 (3.82) および式 (3.83) の証明は，パーソナライズド PageRank アルゴリズムの Bayes 定式化 (3.2.2 項-(9)) の際と同様な手続きでできるので，読者にあずける．

式 (3.83) が意味するところを考察する．式 (3.83) はパーソナライズド PageRank アルゴリズムの式になっていることが，$\rho = \frac{2D_k}{\alpha + 2D_k}$ と置くとはっきりする：

$$p_t(i|k) = (1 - \rho) \sum_{j=1}^{N} T_{ij} p_{t-1}(j|k) + \rho \frac{1}{2D_k} \sum_{d=1}^{D} r(k|d) \tau_i^{(d)} \ .$$

$r(k|d)$ は観測結果 $\boldsymbol{\tau}^{(d)}$ がどれくらいコミュニティ k に関わるかを表す．すなわち，$\boldsymbol{\tau}^{(d)}$ のコミュニティ k への割り当ての度合いを表す．したがって，右辺第二項はコミュニティ k に割り当てられた $\boldsymbol{\tau}^{(d)}$ が表すリンクの両端のノードへのワープを表す．係数 ρ はこのワープの確率ということになる．これらのノードへのワープが割合 ρ で挿入されることにより，式 (3.83) の繰り返し計算が与える定常状態分布 $p(i|k)$ は，これらのノードにかたよって局在化したものになっているはずである．

そして，$r(k|d)$ を通じて観測結果 $\tau^{(d)}$ がコミュニティ k にうまく割り当てられているならば，局在化された確率分布 $p(i|k)$ はコミュニティ k を覆うようになっているはずである．以上が本定式によるコミュニティ抽出のからくりである．

ところで，$\mathcal{D} = \{\tau^{(1)}, \cdots, \tau^{(D)}\}$ を観測データとよんだが，本定式においては現実の観測を通じて $\mathcal{D}$ を得るわけではない．ネットワーク上をランダムウォークする Mr. X はあくまで仮想であり，その居所を観測することも仮想である．仮想であるがゆえに，観測の回数 D も自由に設定できる．都合がよいことに，D を十分大きくとると，各々の観測パターンがどれくらいの頻度で現れるかを解析的に求めることができる．現れうる観測パターンの総数は，重みが正であるリンクの総数 L である．「Mr. X がリンク l を移動」というパターンを

$$\tilde{\tau}^{(l)} = \left(\tilde{\tau}_i^{(l)}\right) = \left(\delta_{i,\,i_{\mathrm{to}}^{(l)}} + \delta_{i,\,i_{\mathrm{from}}^{(l)}}\right) \tag{3.84}$$

で表すことにする．ここで，$i_{\mathrm{from}}^{(l)}$ および $i_{\mathrm{to}}^{(l)}$ は，それぞれ，リンク l の始点および終点である．観測結果がパターン $\tilde{\tau}^{(l)}$ である確率は，Mr. X が $i_{\mathrm{from}}^{(l)}$ にいて，そこから $i_{\mathrm{to}}^{(l)}$ に遷移する確率であるから，これを $\tilde{p}(l)$ とおくと

$$\tilde{p}(l) = T_{i_{\mathrm{to}}(l),\,i_{\mathrm{from}}(l)}\, p(i_{\mathrm{to}}^{(l)})\,, \tag{3.85}$$

となる．したがって，D 回の観測において，パターン $\tilde{\tau}^{(l)}$ を得る頻度は $D\tilde{p}(l) = D \times T_{i_{\mathrm{to}}^{(l)},\,i_{\mathrm{from}}^{(l)}}\, p\left(i_{\mathrm{from}}^{(l)}\right)$ である．よって，式 (3.83) の右辺第二項を

$$\sum_{d=1}^{D} r(k|d)\tau_i^{(d)} \rightarrow D\sum_{l=1}^{L} \tilde{p}(l)\tilde{r}(k|l)\tilde{\tau}_i^{(l)} \tag{3.86}$$

と置き換えることができる．さらに $\tilde{\alpha} \equiv \alpha/2D$ として，EM-step (3.80) および (3.82-3.83) を以下のように書き直すことができる．

E-step:

$$\tilde{r}(k|l) = \frac{\pi(k)\prod_{i=1}^{N}[p_t(i|k)]^{\tilde{\tau}_i^{(l)}}}{\sum_{k=1}^{K}\pi(k)\prod_{i=1}^{N}[p_t(i|k)]^{\tilde{\tau}_i^{(l)}}}\,. \tag{3.87}$$

M-step:

$$\pi(k) = \sum_{l=1}^{L}\tilde{p}(l)\tilde{r}(k|l), \tag{3.88}$$

$$p_t(i|k) = \frac{\tilde{\alpha}}{\tilde{\alpha}+\pi(k)}\sum_{j=1}^{N}T_{ij}p_{t-1}(j|k) + \frac{1}{\tilde{\alpha}+\pi(k)}\frac{1}{2}\sum_{l=1}^{L}\tilde{p}(l)\tilde{r}(k|l)\tilde{\tau}_i^{(l)}\,. \tag{3.89}$$

$p(i|k)$ および $\pi(k)$ を求めるための実際の計算は，式 (3.87-3.89) を用いて行われる．

130 第 3 章 ランダムウォーク：コミュニティ抽出のキーツール

本節で定式化したコミュニティ抽出方法に名前を付けておく．これを「マルコフ連鎖のモジュール分解」(Modular decomposition of Markov chain, MDMC) とよぶことにする [32,33]．式 (3.67) のイメージを表すものとして，この名称はふさわしいと思われる．MDMC においては，モジュラリティ最大化やインフォマップにおいて時間パラメータ t に対して施したようなアドホックな近似をまったく行っていない．

3.4.2 遍在的コミュニティ

コミュニティを明らかにすることとは，そのコミュニティのメンバーを明らかにすることである．MDMC は，ノード i のコミュニティ k におけるメンバーとしての資格を，確率 $p(i|k)$ で定める．$p(i|k)$ は 0 から 1 までの連続値をとる．したがって，$p(i|k)$ はノード i がコミュニティ k のメンバーであるかないかをはっきり決めるのではなく，ノード i のコミュニティ k における相対的な重要度，すなわち，順位を定める．このようにして定められたコミュニティは，一般に，メンバーとそれ以外とを分ける明確な境界を持たない．むしろ，すべてのノードはコミュニティ k のメンバーであるが，メンバーとしての重要度がノードごとに異なっているのである．これは，富士山の裾野が延々と拡がっていて，どこまでが富士山でどこからは富士山でないかを，地形的には本来明確には決められないことと似ている．

明確な境界によってではなく，連続値として与えられた個々のノードの重要度で定められたコミュニティを「遍在的 (pervasive)」と表現する．MDMC はネットワークからコミュニティを遍在的な構造物として抽出する．自然界あるいは社会において，自律的に形成されたコミュニティは本来，遍在的な構造を持つのではなかろうか．例えば，脳では一つのニューロンあるいは脳領域が複数の機能に様々な度合いで関与する．これは脳ネットワークのコミュニティが遍在的な構造を持つことを示唆する．あるいは，仲間・派閥といったものについても，本来は明確な境界では定めきれない複雑であいまいな人間関係が背景にあり，名簿が作成されたり結成が宣言されることによって，そこにはじめて人工的な境界が引かれるのであろう．

コミュニティが遍在的な構造を持つならば，必然的にコミュニティ間に遍在的な重なり (pervasive overlapping) が生ずる．これまでに提案されたほとんどのコミュニティ抽出方法—モジュラリティ最大化およびインフォマップを含む—にとって，コミュニティ間の遍在的な重なりを抽出することは，手が及ぶ範囲の外のことであった [3]．一方，確率的機械学習においては，クラスタ間の遍在的な重なり（ソフトな重なり）が，ごくふつうに議論されている．例えば，混合ガウス分布モデルでは，一般の確率分布を異なる複数のガウス分布の混合和で表す．個々のガウス分布が個々のクラスタを表すが，これらは遍在的に重なっている．MDMC の強みは，ランダ

ムウォークの枠組みに基づくことにより，機械学習の正統的な手法である混合分布の方法をコミュニティ抽出に導入できたことにある．

ノード i がコミュニティ k に属する確率（Mr. X がノード i にいたとして，コミュニティ k に滞在している確率）を，Bayes の定理を用いて

$$p(k|i) = \frac{p(i|k)\pi(k)}{p(i)} \tag{3.90}$$

で定める．一般に，$p(k|i)$ は複数の k に対して正である．これは，ノード i が複数のコミュニティに確率 $p(k|i)$ で帰属することを意味する．

モジュラリティ最大化およびインフォマップを含め，従来のコミュニティ抽出方法の多くは，相互に重なりを持たないコミュニティへの分割 (partition) を定める．そこでは，各ノードはどれか一つのコミュニティだけに属する．一方，MDMC はコミュニティを遍在的な構造物として抽出する．しかしながら，$\arg\max_k p(k|i)$ でノード i の帰属先コミュニティを一意に定めれば，分割も得られる．

3.4.3 MDMC によるコミュニティ抽出

MDMC によるコミュニティ抽出を，Zachary の「空手クラブ」[34, 35] を用いて実演する．「空手クラブ」は米国の社会学者 Wayne W. Zachary により，ある大学の空手クラブにおける交友関係を三年間観察をすることを通じて記述されたネットワークであり，34 名のクラブメンバーをノードとして，メンバー対の間の交友を表すリンクから構成される（図 3.14）．面白いことに，Zachary がこのクラブを観察していたまさにその最中にメンバー間で会費の扱いをめぐって論争が起こり，その結果，クラブはアドミニストレータ（図 3.14 のノード 1）が率いるグループとインストラクタ（図 3.14 のノード 34）が率いるグループとに分裂した．これら二つのグループへの分裂をコミュニティ抽出で再現する，というのが Zachary の空手クラブのお題である．すなわち，実際に起こった分裂の結果を正解として，これをコミュニティ抽出がどれだけ正確に再現するかを試すのである．コミュニティ抽出の研究では，まずは Zachary の空手クラブを試すというのが，新しいアルゴリズムを提案する際の通過儀礼になっている．

EM-step が進むにつれて，各コミュニティの存在確率 $\pi(k)$ がどう変化していくかを図 3.15 に示す．ただし，式 (3.89) における $\tilde{\alpha}$ の値を 0.5 に設定した．一般にネットワークからコミュニティを抽出する際，正しいコミュニティの数 K は事前にはわからないのがふつうである．そこで，K の値を様々に選んで試した．興味深いことに，K をいくつに設定しても，EM-step が進むとやがて二個の $\pi(k)$ だけが非ゼロに収束し（すなわち，二個のコミュニティだけが生き残り），その他 $K-2$ 個の $\pi(k)$ はすべてゼロに減衰した（その他は消滅した）．このように MDMC では，コミュニティの数が（与えられた $\tilde{\alpha}$ の値に対して）自動的に定まる．

第 3 章　ランダムウォーク：コミュニティ抽出のキーツール

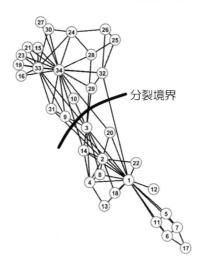

図 3.14　Zachary の空手クラブのネットワーク．ノードはクラブのメンバーを，リンクはメンバー間の交友関係を表す．ここでは，リンクの重みを二値（交友関係があるならば 1，ないならば 0）に設定した．実際には，クラブは図の太実線を境に分裂した．

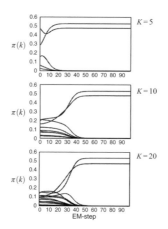

図 3.15　MDMC ではコミュニティ数が自動的に定まる．$\tilde{\alpha} = 0.5$ に設定して，様々な K の値（5, 10 あるいは 20）に対して EM-step を実行した．いずれの場合にも，$\pi(k)$ $(k = 1, \cdots, K)$ のうち二つだけが正の値に収束し，他はすべてゼロに減衰した．

　生き残った二つのコミュニティに対応する定常状態分布 $p(i|k)$ を図 3.16 に示す．$p(i|k)$ はコミュニティ k におけるメンバー i の重要度を相対的に表したものであり，その大小がこのコミュニティにおける個々のノードの順位を与える．アドミニスト

レータ（ノード 1）とインストラクタ（ノード 34）が，それぞれが率いるコミュニティにおいて一位（$p(i|k)$ が最大）になっているのは，もっとな結果であろう．さらに，各メンバーは双方のコミュニティに対して，大小は別として，$p(i|k) > 0$ の値を持つ．これは，各メンバーはいずれのコミュニティにも（そこでの重要度・順位はさておき）属していることを示しており，抽出されたコミュニティの遍在性を表している．

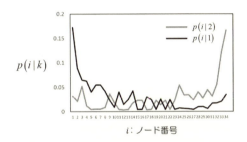

図 3.16 抽出されたコミュニティの遍在的構造．黒色実線および灰色実線は，それぞれ，コミュニティ 1 および 2 におけるノード i の確率 $p(i|k)$ ($k = 1, 2$) を示す．

図 3.17 に，各ノードがどのコミュニティに属するかを表す確率 $p(k|i)$ を示す．ほとんどのノードにおいて，$p(k|i)$ は一方のコミュニティでは 1 に近い値を，もう一方では 0 に近い値をとる（もちろん，正確に 1 または 0 にはなっていない）．ただし，ノード 3 については，0.5 付近の，似通った値をとる．これは，ノード 3 がどちらのコミュニティに属するかの帰趨がきわめて微妙であることを示す．興味深いのは，従来のコミュニティ分割では，このノード 3 のメンバーがしばしば誤分類されることである．$p(i|k)$ が示す帰趨が微妙であることが，しばしば誤分類が起こる原因であると推察される．

図 3.16-3.17 が示すように，MDMC が抽出するコミュニティの構造は，明確な境界がない遍在的なものである．分裂の結果できた二つのグループをコミュニティとみなすならば，各メンバーはどちらか一方のコミュニティだけに属し，二つのコミュニティの間には明確な境界（図 3.14 の太い黒線）が存在する．「空手クラブ」では通常，分裂の結果の再現を試みる．しかしながら，MDMC が明らかにする遍在的な構造物としてのコミュニティの方が，空手クラブの本来のコミュニティ構造，すなわち，分裂を導く原因としての構造を正しく記述しているのではなかろうか．なお，$\arg\max_k p(k|i)$ で各ノードの帰属先を一意的に定めると，実際に起こった分裂

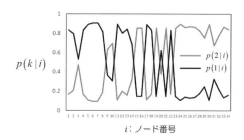

図 3.17 各ノードは両方のコミュニティに漸次的に帰属する.黒色実線および灰色実線は,それぞれ,ノード i がコミュニティ 1 および 2 に帰属する確率 $p(k|i)$ $(k = 1, 2)$ を示す

が完全に再現される(図 3.14 と図 3.17 を比較).

次に,式 (3.89) のパラメータ $\tilde{\alpha}$ の役割を調べるために,$\tilde{\alpha}$ の値を様々に変えてコミュニティ抽出を試した.その結果,$\tilde{\alpha}$ はコミュニティ分解の解像度を制御することがわかった:より小さな $\tilde{\alpha}$ に対して,ネットワークはより多くの,より小さなコミュニティに分解される.モジュラリティ最大化およびインフォマップでは,滞留時間を表すパラメータ $t = \frac{1}{\gamma}$ でコミュニティ分解の解像度が制御された.一方,MDMC でこの役割を果たすものは,Dirichlet 事前分布の集中度に由来するパラメータ $\tilde{\alpha}$ である.パラメータ $\tilde{\alpha}$ が解像度を制御する理由は,3.2.2 項-(9) のパーソナライズド PageRank アルゴリズムの Bayes 定式化の際の議論を思い起こせば明らであろう.

3.5 今後の展望

3.5.1 コミュニティ抽出の課題
(1) コミュニティ抽出の性能比較

コミュニティ抽出の世界ではこれまで,より高性能なコミュニティ抽出アルゴリズムを求めて,比較研究が熱心に行われてきた.しかしながら,そもそもアルゴリズムとは,まずコミュニティとはこういうものであるということを定めて,それを最適に見つけるべく設計されるものである.したがって,二つのアルゴリズムがそれぞれ厳密には異なるコミュニティの定義を用いているならば,二者の間で性能の優劣を比較することは,本来的には無意味である.このことから,コミュニティ抽出はそもそも不良定義 (ill-defined) であるとも指摘されている [3].コミュニティ抽出に関する「ノーフリーランチ定理」(ただで昼飯が食えるなどといううまい話は

ない）と表現されることもある [36]．どんなコミュニティでも必ず抽出できる万能
アルゴリズムなどない，あるいは，そのようなアルゴリズムを得ることは原理的に
不可能である，ということである．

しかしながら，汎用性の高いコミュニティの定義—万能ではないが，広範囲の実世
界ネットワークのコミュニティ構造を適切に表現する—というものは，ありうるで
あろう．ランダムウォークの滞留がそのような汎用性の高いコミュニティの定義に
なっていることが，代表的なコミュニティ抽出方法（モジュラリティ最大化およびイ
ンフォマップ）がいずれもこの定義に基づいて定式化されること，および，この定義
に立脚することにより，コミュニティ抽出の能力をさらに拡張できること（MDMC
による遍在的コミュニティ抽出）から示唆される．

(2) 解像度問題：スケールを含むコミュニティ抽出

コミュニティをランダムウォークの滞留で定義するにあたっては，滞留の「ス
ケール」を定めるパラメータが必然的に導入される．モジュラリティ最大化および
インフォマップでは，それは滞留の時間スケールを定めるパラメータ $t = \frac{1}{\gamma}$ であ
る．MDMC では，コミュニティに対応する確率分布の偏りに対応するところの，
Dirichlet 分布の集中度に由来する $\bar{\alpha}$ である．スケールパラメータがあるというこ
とは，このパラメータの値でコミュニティの大きさを規定していることを意味する．
このとき，次の解像度問題 (resolution-limit problem) が起こることが知られてい
る [37–39]：ネットワークに非常に大きいコミュニティと非常に小さいコミュニティ
とが併存しているとき，これらを同時に抽出することができない；規定されたスケー
ルよりもずっと大きなコミュニティは分割されてしまい，それよりもずっと小さな
コミュニティは他に融合されてしまう．モジュラリティ最大化およびインフォマッ
プは，いずれもこの問題から逃れられない．MDMC においてもこの問題が起こる
ことは，正直に告白しておく．

しかしながら，ランダムウォークの定式化は，スケールの出所を理論的に明確化
する．したがって，そこから解像度問題を解決するための処方も見えてくる．例え
ば MDMC では，すべてのコミュニティに対して同じパラメータ α を仮定してい
る．著者らによる予備的研究の結果は，この仮定を緩めることにより，解像度問題
が大幅に改善されることを示唆する．

(3) 確率的ブロックモデル

ここまでまったく触れなかったが，コミュニティ抽出の世界には，確率的ブロッ
クモデルというもう一つの大きな勢力がある．ここで確率的ブロックモデルを説明
する余裕はないので，それについては文献 [40–44] などを参照してもらうことにし
て，以下は話の流れだけを追ってほしい．最近，ランダムウォークの枠組に基づ

いて一般化されたモジュラリティ (3.56) の最大化が，あるクラスの確率的ブロックモデルと等価であることが示された [45]．さらに著者らは，MDMC が $\alpha \to 0$ の極限で別のクラスの確率的ブロックモデルと等価になることを見いだした [32]．これらのことは，確率的ブロックモデルを含めた有力なコミュニティ抽出方法すべてがランダムウォークの枠組みの下で統一的に理解・記述されうることを示唆する．

3.5.2　フロンティアとしてのネットワーク型データ分析

　ここで，異論を承知で，人工知能・機械学習が扱うデータには二つの大きな柱があるという視点に立ちたい．一つの柱はベクトル型のデータである．ベクトル型データでは各要素の中身に注目する．画像，音声あるいは文書の「パターン」あるいは「コンテンツ」をベクトルとして表現する．もう一つの柱はネットワーク型のデータである．これは，WWW/インターネットの構造，論文の引用関係，商品・サービス‐消費者・ユーザの関係，あるいは，生体内におけるタンパク質相互作用・遺伝子制御などを，要素間の「つながり」を表すネットワークとして表現したものである．ネットワーク型データでは各要素を，中身を持たない一つの点とみなして，要素間のつながりのみに注目する．

　ベクトル型のデータが意識されたのは，おそらく，計算機を用いてデータを扱うことが初めて試みられた頃にまでさかのぼる．そのため，ベクトル型データの分析方法の開発は長い歴史を有する．特に，前世紀から今世紀にかけて確率的機械学習が理論的に整備されて，ベクトル型データの分析方法は大きな発展を遂げた．そして近年，深層学習がこの方面を席巻するにいたった．ベクトル型データにおける覇者は深層学習にほぼ決定しつつある，というのが現下の情勢であろう．

　一方，ネットワーク型のデータが広く意識されるようになったのは，インターネットや SNS（ソーシャルネットワークサービス）が人々の日常に普及し始めてからである．それに呼応して，複雑ネットワーク科学が新しい学問分野として勃興し，この 20 年の間に大きく発展した．その中で，コミュニティ抽出は常に複雑ネットワーク科学の中心テーマであった．しかしながらコミュニティ抽出においては，ベクトル型データにおける深層学習のような覇者はまだいない（コミュニティ抽出と深層学習が同格なのかというお叱りに対しては，著者のコミュニティ抽出への思い入れに免じて許していただきたい）．その意味で，ネットワーク型データの世界はまだまだフロンティアである．このフロンティアを開拓するためのキーツールがランダムウォークであるという思いを読者と共有できたならば本望である．

3.6 道具箱としての3章のまとめ

本章では，コミュニティ抽出において最も広く用いられているモジュラリティ最大化，および，ベンチマークを用いた比較実験で高成績をおさめるインフォマップが，いずれもコミュニティをランダムウォークの滞留とみなす考え方に基づくものであることを概観した．この考え方をさらに推し進めることにより，従来のコミュニティ抽出方法ではほとんど手が及ばなかった「遍在的コミュニティ」を扱える方法を，「マルコフ連鎖のモジュール分解 (modular decomposition of Markov chain, MDMC)」として定式化できることを示した．本章を通じて，コミュニティ抽出におけるランダムウォークのツールとしての有用性・有効性を感じてもらえたことと思う．

最後に，MDMC による遍在的コミュニティ抽出の手順を簡潔にまとめてユーザの便をはかりたい．

1. **仮想観測データの構成**：与えられたネットワークに対して，ノード i の確率 $p(i)$ を，Markov 連鎖の式 (3.20) の繰り返し計算により（あるいは，無向グラフの場合には解析式 (3.21) を直接用いて）求める．次に，リンク l の確率 $\bar{p}(l)$ を式 (3.85) で求める．観測パターン $\bar{\tau}^{(l)}$ を 式 (3.84) で定める．

2. **パラメータ値その他の設定**：$\tilde{\alpha}$ の値を設定する．仮のコミュニティ数 K を設定する（少し多めに選ぶのがコツ）．

3. **EM アルゴリズム**：$p_t(i|k)$ および $\pi(k)$ の初期条件を（確率であるという制限のもとで）適当に定める．EM-step (3.87)-(3.89) の繰り返し計算により，これらの定常状態を求める．定常状態において $\pi(k)$ が正の値を得たコミュニティ（生き残りコミュニティ）のみを残す（すなわち，$\pi(k)$ がゼロに減衰したものを除外する）．

4. **コミュニティ構造**：3. で求めた $\pi(k)$ および $p(i|k)$ は，それぞれ，コミュニティ k の確率（コミュニティ k の大きさ）およびコミュニティ k におけるノード i の確率（ノード i の重要度）を表す．式 (3.90) による $p(k|i)$ はノード i のコミュニティ k への帰属確率を表す．必要であれば，ノード i の帰属先を $\arg\max_k p(k|i)$ で一意に定める．

コラム3：リッチクラブ–金持ち同士は偶然以上につながっているか？–

　次数が高いノードを金持ち（リッチ）とみなしてみよう．金持ちは手（リンク）をたくさん持つので，偶然につながったとしても，その相手に多くの金持ちがいるのは当然である．しかしながら，金持ちの相手に偶然によるよりもさらに多くの金持ちがいるならば，そこには金持ち同士を優先的につなげる機構があることになる．金持ち同士が偶然よりも高い確率でつながっているかどうかを，以下の手順で定める「リッチクラブ係数」で判定できる [46].

1. ネットワーク $\mathcal{G}$ から次数が k 以下のノードをすべて除去する．こうして得られたネットワーク $\mathcal{G}_{>k}$ のノードの総数を $N_{>k}$，リンクの総数を $E_{>k}$ とする．

2. ネットワーク $\mathcal{G}_{>k}$ の $N_{>k}$ 個のノードの間に実際に存在するリンクの総数 $E_{>k}$ と，$N>k$ 個のノードの間に存在し得るリンクの総数 $_{N_{>k}}C_2$ との比で，（規格化前の）リッチクラブ係数を定める：

$$\Phi(k) = \frac{2E_{>k}}{N_{>k}(N_{>k}-1)} .$$

3. モジュラリティを定義したときと同じランダム化の手続きにより，もとのネットワーク $\mathcal{G}$ からナルネットワークを複数個（例えば 100 個）生成する．各ナルネットワークに対して，リッチクラブ係数を求める．これを生成されたすべてのナルネットワークで平均したものを $\Phi_{\mathrm{null}}(k)$ とする．

4. 規格化されたリッチクラブ係数を次で定める：

$$\Phi_{\mathrm{norm}}(k) = \frac{\Phi(k)}{\Phi_{\mathrm{null}}(k)} .$$

$\Phi_{\mathrm{norm}}(k) > 1$ ならば，次数が k より大きいノード同士は偶然よりも高い確率でつながっていると判定される．このとき，次数が k より大きいノードは「リッチクラブ」を形成する，と表現される．リッチクラブは 4 章で述べる $k+1$-core を確率的に拡張した概念ともいえよう．3.4.2 項では，遍在的構造物としてのコミュニティを富士山に例えたが，リッチクラブはその「k 合目」から上の部分に相当する．構造の有無あるいはリッチクラブ係数により，遍在的コミュニティの中心部分の様子（峰を形成しているか，なだらかな丘陵地帯になっているか，など）を知ることができる．

参考文献

[1] Barabashi, A.L. with Posfai, M. Network Science. Cambridge University Press (2016)

[2] Fortunato, S. Community detection in graphs. *Phys Rep*, 486, 75–176 (2010)

[3] Fortunato, S., Hric, D. Community detection in networks: A user guide. *Phys Rep*, 659, 1–44 (2016)

[4] 岡本洋. 全脳ネットワーク分析：コネクトームのリバースエンジニアリング. 人工知能 32 巻 6 号（2017 年 11 月）, 836–844 (2017)

[5] Hebb, D. O. Organization of behaviour. New York: Wiley (1949)

[6] Okamoto, H. Local community detection as pattern restoration by attractor dynamics of recurrent neural networks. *BioSystems*, 146, 85–90 (2016)

[7] Oh, S.W. et al. A mesoscale connectome of the mouse brain. *Nature*, 508, 207–214 (2014)

[8] van Kampen, N.G. Stochastic Processes in Physics and Chemistry (3rd ed.). North Holland (2007)

[9] Barber, M.J. Modularity and community detection in bipartite networks. *Phys Rev E*, 76, 066102 (2007)

[10] Page, L., Brin, S., Rajeev, M., Winograd, T. (1999). The PageRank Citation Ranking: Bringing Order to the Web. Technical Report. Stanford InfoLab, http://ilpubs.stanford.edu:8090/422/

[11] Langville, A.N., Meyer, C.D. Google's PageRank and Beyond: The Science of Search Engine Rankings. Princeton University Press (2006)

[12] Lambiotte, R, Rosvall, M. Ranking and clustering of nodes in networks with smart teleportation. *Phys Rev E*, 85, 056107 (2012)

[13] Haveliwala, T.H. Topic-Sensitive PageRank. in Proceedings of the 11th international conference on World Wide Web, 517–526 (2002)

[14] Bishop, C.M. Pattern Recognition and Machine Learning. Springer-Verlag Berlin, Heidelberg (2006)

[15] Murphy, K.P. Machine Learning: A Probabilistic Perspective. The MIT Press (2012)

[16] Newman, M.E.J. Modularity and community structure in networks. *Proc Natl Acad Sci USA*, 103, 8577–8582 (2006)

[17] Newman, M.E.J. Fast algorithm for detecting community structure in networks. *Phys Rev E*, 70, 066133 (2006)

[18] Newman, M.E.J. Communities, modules and large-scale structure in networks.

Nat Phys, 8, 25–31 (2012)

[19] Lancichinetti, A., Fortunato, S. Community detection algorithms: A comparative analysis. *Phys Rev E*, 80, 056117 (2009)

[20] Hric, D., Darst, R.K., Fortunato, S. Community detection in networks: Structural communities versus ground truth. *Phys Rev E*, 90, 062805 (2014)

[21] MapEquation: http://www.mapequation.org/

[22] Rosvall, M., Bergstrom, C.T. An information-theoretic framework for resolving community structure in complex networks. *Proc Natl Acad Sci USA*, 104, 7327-7331 (2007)

[23] Rosvall, M., Bergstrom, C.T. Maps of random walks on complex networks reveal community structure. *Proc Natl Acad Sci USA*, 105, 1118–1123 (2008)

[24] Schaub, M.T., Lambiotte, R., Barahona, M. Encoding dynamics for multiscale community detection: Markov time sweeping for the map equation. *Phys Rev E*, 86, 026112 (2012)

[25] Kheirkhahzadeh, M., Lancichinetti, A., Rosvall M. Efficient community detection of network flows for varying Markov times and bipartite networks. *Phys Rev E*, 93, 032309 (2016)

[26] Lambiotte, R, Delvenne, J.C., Barahona, M. Laplacian dynamics and multiscale modular structure in networks. arXiv:0812.1770v3 (2009)

[27] Delvenne, J.C., Yaliraki, S.N., Barahona, M. Stability of graph communities across time scales. *Proc Natl Acad Sci USA*, 107, 12755–12760 (2010)

[28] Mucha, P.J. et al. Community structure in time-dependent, multiscale, and multiplex networks. *Science*, 328, 876–878 (2010)

[29] Blondel, V.D. et al. Fast unfolding of communities in large networks. *J Stat Mech*, 2008, P10008 (2008)

[30] Reichardt, J., Bornholdt, S. Statistical mechanics of community detection. *Phys Rev E*, 74, 016110 (2006)

[31] Shannon, C. E., A mathematical theory of communication. *Bell System Technical Journal*, 27, 379–423, 623–656 (1948)

[32] Okamoto, H., Qiu, X.-L., Community detection by modular decomposition of random walks. Complex Netwok 2018 (December 11-13, 2018, Cambridge, United Kingdom) Book Of Abstracts, 59–61 (2018)

[33] Okamoto, H., Qiu, X.-L. Modular decomposition of Markov chain: detecting hierarchical organization of pervasive communities. arXiv: 1909.07066

[34] Zachary, W.W. An Information Flow Model for Conflict and Fission in Small Groups. *J Anthro Res*, 33, 452–473 (1977)

[35] Girvan, M., Newman, M.E.J. Community structure in social and biological networks. Proc. *Natl. Acad. Sci. USA*, 99, 7821–7826 (2002)

[36] Peel, L., Larremore, D.B., Clauset, A. The ground truth about metadata and community detection in networks. Sci Adv, 3, e1602548 (2017)

[37] Fortunato, S., Barthe'lemy, M. Resolution limit in community detection. *Proc Natl Acad Sci USA*, 104, 36–41 (2007)

[38] Lancichinetti, A., Fortunato, S. Limits of modularity maximization in community detection. *Phys Rev E*, 84, 066122 (2011)

[39] Schaub, M.T., Delvenne, J.C., Yaliraki, S.N., Barahona, M. Markov Dynamics as a Zooming Lens for Multiscale Community Detection: Non Clique-Like Communities and the Field-of-View Limit. *PLoS One*, 7, e32210 (2012)

[40] Airoldi, E.M., Blei, D.M., Fienberg, S.E., Xing, E.P. Mixed membership stochastic blockmodels. *Journal of Machine Learning Research*, 9, 1981–2014 (2007)

[41] Karrer, B., Newman, M.E.J. Stochastic blockmodels and community structure in networks. *Phys Rev E*, 83, 016107 (2011)

[42] Ball, B., Karrer, B., Newman, M.E.J. Efficient and principled method for detecting communities in networks. *Phys Rev E*, 84, 036103 (2011)

[43] Larremore D.B., Clauset A., Jacobs A.Z. Efficiently inferring community structure in bipartite networks. *Phys Rev E*, 90, 012805 (2014)

[44] Newman MEJ, Clauset A (2016). Structure and inference in annotated networks. *Nat Commun*, 7, 11863

[45] Newman M.E.J. Equivalence between modularity optimization and maximum likelihood methods for community detection. *Phys Rev E*, 94, 052315 (2016)

[46] Colizza, V., Flammini, A., Serrano, M.A., Vespignani, A. *Nat Phys*, 2, 110–115 (2006)

第 4 章

インフルエンサーの抽出や最適な攻撃耐性に関する進展

　本章で扱う，インフルエンサーの抽出や最適耐性を持つネットワークの設計はそれぞれ本質的に難しい課題ではあるが互いに関連性があり，これらからネットワーク分析の最先端の道具となり得る，ある種の科学的裏付けを有する強力なアルゴリズムの研究開発が急速に進展していることを紹介する．その進展は，SNS(Social Network Service) の口コミ情報や購買履歴などを多数対象としたネットワーク型の関係性データ分析における数理基盤として，アルゴリズム論，統計物理，最適化や機械学習の交差点に位置づけられる．物理の出身者などが先進的 ICT(Information Communication Technology) 分野に積極的に進出していることにも気づかれるだろう．

　前置きとして，近年の研究開発動向を切口に SNS 上の人々のつながりに関して説明を始めるが，企業間取引や他のデータに対しても一旦ネットワークとして表現されれば，同様な手法で拡散的な影響力を有するノードを見つけ出せることに注意されたい．また，ネットワークにおけるつながりの構造に着目するため，共起頻度などによる辺の重みは考えない一方，通常のデータ分析では議論されないシステム論的な観点に踏み込み，攻撃や災害などに強い（電力，通信，物流などの）インフラシステムや人的組織の構築についても議論する．電力や通信のインフラ無くしてはデータの収集・蓄積・分析は不可能である．特に，適応力や復活力を備えたレジリエンスの具体的な実現方法は新たな知見となり，（分析や予測を越えて）より良いネットワークをどう築くか？　についての近未来の指針を与えるものと思われる．

4.1 SNS などにおける口コミの影響力をビジネスに

2017 年はインフルエンサー元年と言われるほど，欧米や中国及びアジア諸国のみならず日本国内でも，SNS などにおける情報拡散を広告関連ビジネスに活用するベンチャー企業が多数現れた．後述するスコアリングなどの数値から，口コミの影響力が強い人物を探し出して企業に売り込む B-to-B ビジネスが既に成立している．しかも業種や業界を問わず，企業側はそうした人物にターゲットを絞った限定参加の（新商品のお披露目会などの）イベントやプロモーションを行うことで，不特定多数に向けたマスメディアによる従来の広告宣伝よりも費用を抑えつつ，参加者によるイベント後の自発的なブログや Instagram の写真・動画などによる拡散で大きな宣伝効果が期待できる．また，情報拡散力を持つインフルエンサーとして紹介された人物は，企業と契約を結んで対価を得ることもある．

米国のアイドル歌手 Justin Bieber が YouTube 動画を観て，Twitter で「お気に入り」と呟いたことをきっかけに世界中に広まったピコ太郎の PPAP(Pen-Pineapple-Apple-Pen)[1] は有名な例であるが，多くの人々がスマートフォンを所持して日常的に SNS を利用してすばやく情報を知り，推奨コメントや体験映像も発信できることから，インターネットなどにおける口コミ情報は今日の社会生活や消費行動に多大な影響を与え得るものとなっている．

また，ウェブ上で頻繁に表示されるポップアップ広告は拒絶する傾向が広く見受けられる半面，親近感を持つ人からの情報は受け入れやすく [1]，下手な芸能人より稼ぐインフルエンサーも存在する．例えば，「インフルエンサーマーケティングが企業プロモに効果的な 5 つの理由」[2] として以下が挙げられている．

1. ミレニアル世代からの絶大な支持: 1/3
2. 消費者の購買欲の鍵を握る: 倍の宣伝効果，半数が信用
3. より多くのフォロワーにリーチ可能
4. ならではのオリジナルコンテンツの力: クリエイティビティ
5. 様々な目的のコラボレーションが可能: 実際に体験

こうしたことから，多くの一般消費者は，高度な専門知識を持つインフルエンサーの意見を求めているのではなく，草の根インフルエンサーとして「少し上」の人から実感が湧くお勧めを聞きたい [3] のだと考えられる．

---

[1] https://www.youtube.com/watch?v=0E00Zuayv9Q

[2] http://blog.btrax.com/jp/2016/06/13/influencer-marketing

[3] http://toyokeizai.net/articles/-/37622?page=4, https://influencerone.jp/blog/starbucks-influencer-marketing

そこで，有名人に限らず，SNS などのインターネット上のデータに基づいて人々のインフルエンサー度を計るソーシャルスコアリングが検討されている [2]．但し，各社ともスコアリング手法については明らかにしていないが，ソーシャルメディアごとに，スコアリングに用いる変数については公開している場合がある．例えば，米国で最大のシェアを持っていた企業 Klout[4] では，Twitter なら，被リツイート数，メンション（自分が発言したことに対して，何らかの意見をもらうこと）数，フォロワー数，リプライ数などを用いる一方，Facebook なら，メンション数，いいね数，コメント数，ウォール投稿数，友人の数などを用いる [5]．

しかしながら，**これらフォロワー数などは，その人から直接影響される情報拡散力を表すもので，その人自身が持つ属性値ではあるものの，複数人を経由して届くネットワーク的な拡散影響力を反映しているとは言い難い**．また，単なる情報拡散力だけでなく，グルメやファッションなど特定の関心領域にマッチした人物やコミュニティをいかにして探し出せるか，情報拡散と関心領域とのマッチングの両輪の実現が鍵となる．本書 3.2.2 項-(7) で触れ後に補足する Google の PageRank でも，キーワード検索技術で絞り込んだ頁を対象とすることで，こうした両輪をうまく機能させたと言える．

現状は，より有効なスコアリング計算法について，乱立するベンチャー企業各社がしのぎを削って開発競争をしていると考えられるが，近年，ネットワーク的な拡散を考慮した口コミの影響力を推定するアルゴリズムが提案され，学術論文の著者である現役の物理学研究者がベンチャー企業[6] を既に立ち上げている．そのアルゴリズムの基本的な考え方や拡張版について次節で説明する．

4.2　口コミの影響力を表す指標

4.2.1　Collective Influence の基本的考え方

本節では文献 [3] にならい Collective Influence(CI) について概説する．以降本章では特に言及しない限り，N 個のノードと M 本のリンクからなる無向グラフを対象とする．

リンク $i \rightarrow j$ で情報伝搬する確率 $\nu_{i \rightarrow j}$ に関して（伝搬式では以下同様に右辺の

---

[4] https://news-expository.com/article/klout-shutting-down.html, https://pecu-nia.com/twitter-creditscore/

[5] http://easy.mri.co.jp/20130205.html

[6] ニューヨーク市立大の Makse ら数名が 2016 年に設立したベンチャー企業：KCORE ANA-LYTICS, https://www.kcore-analytics.com/

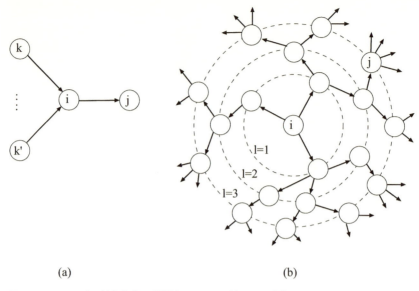

図 4.1 CI における情報伝搬の影響力. (a) j 以外で i の隣接ノード k や k' から少なくとも 1 本は伝搬すれば, $i \to j$ に伝搬. (b) i から l ホップ先のノード j における伝搬力

計算を左辺に代入する) メッセージ伝搬式

$$\nu_{i \to j} = n_i \left\{ 1 - \Pi_{k \in \partial i \setminus j}(1 - \nu_{k \to i}) \right\}, \tag{4.1}$$

を考えよう. n_i はノード i が存在して隣接ノードへの伝搬機能を有していれば値 1, 有してなければ値 0 をとり, ノード除去率 $0 \le q \le 1$ に対して $\sum_i n_i = (1-q)N$ とする. 式 (4.1) 右辺の意味は, 図 4.1(a) からも分かるように, $n_i = 1$ で i が機能 (活性化) していて, ノード i の隣接ノード集合 ∂i 中で j 以外のノード k から i に少なくとも 1 つは伝搬する, すなわち, $\nu_{k \to i}$ が全てゼロではない時, $\nu_{i \to j} = 1$ となり i から j に伝搬することを表す.

インフルエンサーと呼ばれる, **情報伝搬に最も影響力を持つ最小のノード集合は, それらを除去すると情報伝搬が途絶える**, すなわち, ネットワーク全体の連結性が失われてバラバラに分断されるものと考える. すると, インフルエンサーを見つけることは, ネットワークが分断される最小の除去ノード集合を全ての組合わせの中から見つけることに帰着する. そこで, $n_i = 0$ となる qN 個のノードを選んで除去した時に情報伝搬が途絶える条件を探る. 言い換えると, 除去ノードをどのように選ぶかに関する $n = \{n_1, \ldots, n_N\}$ と除去率 q に依存した上記の式 (4.1) の反復写像

4.2 口コミの影響力を表す指標　147

における原点の安定性の条件として，式 (4.1) 右辺の線形近似における Jacobi 行列

$$\mathcal{M}_{k \to l, i \to j} \overset{\text{def}}{=} \left. \frac{\partial \nu_{i \to j}}{\partial \nu_{k \to l}} \right|_{\nu_{i \to j} = 0} = n_i B_{k \to l, i \to j}.$$

の最大固有値 $\lambda(n; q)$ が 1 より小さい時を考える．原点 $\{\nu_{i \to j} = 0\}$ はどのリンクでも伝搬しないことを指す．ここで，B は Non-backtracking(NB) 行列と呼ばれ [4]，ネットワークに存在するリンク $k \to l$ とリンク $i \to j$ を要素とするノード間の接続方向を考慮した $2M \times 2M$ の非対称行列である．

$$B_{k \to l, i \to j} \overset{\text{def}}{=} \begin{cases} 1, & l = i,\, k \neq j \text{ の時} \\ 0, & \text{それ以外}. \end{cases}$$

$\lambda(n; q) < 1$ を考える理由は以下による．上付き添字 t は反復回数を表すとして，一般にベクトル $\mathbf{x}^t = (x_1^t, \ldots, x_n^t)$ の反復写像 $\mathbf{x}^{t+1} = F(\mathbf{x}^t)$ の不動点 $F(\mathbf{a}) = \mathbf{a}$ の安定性は 1 次近似で，

$$\mathbf{x}^{t+1} = F(\mathbf{x}^t) \approx F(\mathbf{a}) + \left(\left. \frac{\partial F(\mathbf{x})}{\partial \mathbf{x}} \right|_{x=a} \right) (\mathbf{x}^t - \mathbf{a}) + \ldots,$$

$$\frac{\mathbf{x}^{t+1} - \mathbf{a}}{\mathbf{x}^{t-1} - \mathbf{a}} = \frac{\mathbf{x}^{t+1} - \mathbf{a}}{\mathbf{x}^t - \mathbf{a}} \times \frac{\mathbf{x}^t - \mathbf{a}}{\mathbf{x}^{t-1} - \mathbf{a}} \approx \left(\left. \frac{\partial F(\mathbf{x})}{\partial \mathbf{x}} \right|_{x=a} \right)^2,$$

および，$\mathbf{x}^0 - \mathbf{a} = c_1 \mathbf{u}_1 + c_2 \mathbf{u}_2 + \ldots c_n \mathbf{u}_n$ と $\mathcal{M}$ の固有ベクトル $\mathbf{u}_i$ の線形和で表されることから，$|\lambda_1| > |\lambda_2| > \ldots |\lambda_n|$ より，$t \to \infty$ 回の反復値 $F(F(F(\ldots F(\mathbf{x}^0) \ldots)))$ は

$$
\begin{aligned}
\left(\tfrac{\partial F(\mathbf{x})}{\partial \mathbf{x}} \right)^t (\mathbf{x}^0 - \mathbf{a}) &= c_1 \lambda_1^t \mathbf{u}_1 + c_2 \lambda_2^t \mathbf{u}_2 + \ldots + c_n \lambda_n^t \mathbf{u}_n \\
&= c_1 \lambda_1^t \mathbf{u}_1 + \lambda_1^t \left\{ \sum_{i=2}^n \left(\tfrac{\lambda_i}{\lambda_1} \right)^t c_i \mathbf{u}_i \right\} \to c_1 \lambda_1^t \mathbf{u}_1,
\end{aligned}
$$

となり，$|\lambda_1| > 1$ ならば発散，$|\lambda_1| < 1$ ならば原点に収束する [7]．

そこで，$\mathcal{M}$ の最大固有値 $\lambda(n; q)$ を 1 より小さくするには $\mathbf{w}_l(n) \overset{\text{def}}{=} \mathcal{M}^l \mathbf{w}_0$ に，べき乗法 [5] を適用した

$$\lambda(n; q) = \lim_{l \to \infty} \left[\frac{|\mathbf{w}_l(n)|}{|\mathbf{w}_0|} \right]^{1/l},$$

から，上記右辺の分子の最小化に最も大きく寄与するノードの除去を考えれば良い．すると，$\min \lambda(n; q)$ は近似的に以下の $2l$-体問題に帰着して，これを貪欲に解く

---

[7] このように，$\mathcal{M}$ の乗算反復で最大固有値 λ_1 の固有ベクトル成分 $\mathbf{u}_1$ のみを残す計算が，べき乗法である．$\mathbf{x}^0 - \mathbf{a}$ を $\mathbf{w}_0$ に，$\left(\frac{\partial F(\mathbf{x})}{\partial \mathbf{x}} \right)^t$ を $\mathcal{M}^l$ に対応付ければ，$\mathbf{w}_l = \mathcal{M} \mathbf{w}_{l-1} = \mathcal{M}^l \mathbf{w}_0$ にも適用できる．但し，通常は $\mathcal{M}$ の乗算毎に数値的発散を防ぐ正規化処理（$|\mathbf{w}_l|$ で割ること）を施す [5]．

148 　第 4 章　インフルエンサーの抽出や最適な攻撃耐性に関する進展

と，除去すべきインフルエンサーは $CI_l(i)$ 値が最大のノード i を再帰的に選ぶこと（選んだノードを除く為に $n_i = 0$ の設定後に各ノード $j \neq i$ の $CI_l(j)$ 値を再計算して，その値が最大のノードの選択と再計算を繰り返す）で得られる．

$$|\mathbf{w}_2(n)|^2 = \sum_{i,j,k \neq i, l \neq j} A_{ij} A_{jk} A_{kl} (k_i - 1)(k_l - 1) n_i n_j n_k n_l,$$

$$|\mathbf{w}_l(n)|^2 \approx \sum_{i=1}^{N} (k_i - 1) \sum_{j \in \partial Ball(i, 2l-1)} \left(\Pi_{k \in P_{2l-1}(i,j)} n_k \right) (k_j - 1),$$

$$CI_l(i) \stackrel{\text{def}}{=} (k_i - 1) \sum_{j \in \partial Ball(i,l)} (k_j - 1). \tag{4.2}$$

ここで，A_{ij} は隣接行列 A の i, j 成分である．また図 4.1(b) に示すように，$P_{2l-1}(i,j)$ は $2l - 1$ ホップで i と j を繋ぐパス，$\partial Ball(i,l)$ は i から l ホップ先のノード集合を表し，$CI_l(i)$ は i から l ホップ先に拡散するリンク数の和に比例した影響力に相当する．

　後述するループ（各ノードを 1 回のみ通過して交差がないもの）との関連では，除去率 q を大きくすると λ の値は小さくなり，$\lambda > 1$ ではネットワーク中にループが 2 つ以上存在，$\lambda = 1$ でループが 1 つのみ存在，$\lambda < 1$ ではループのない木構造となる．つまり，**できるだけ少ないノード除去でループを無くせば，効果的にネットワークを分断させることができる**．木構造になった後は，どのノードを除去しても部分木に分かれてバラバラになる．ただし，逆に λ を大きくしても必ずしも結合耐性が強くなる訳ではなく，$\lambda = 1$ の場合が分断の臨界点であるに過ぎないことに注意しないといけない．結合耐性を強化するループの増加法については 4.5 節で説明する．

　話は少し脇道にそれるが，$2M \times 2M$ の NB 行列 B の固有値 λ は，以下の $2N \times 2N$ 行列

$$W \stackrel{\text{def}}{=} \begin{pmatrix} A & I - D \\ I & 0 \end{pmatrix}$$

の固有値に等しい．ここで，$N \times N$ 部分の I は単位行列，0 は零行列，D は次数 $k_1, \ldots, k_i, \ldots, k_N$ を要素とする対角行列である．ノード数とリンク数は通常 $N < M$ なので，B よりも W に対する固有値を求める方が計算量が少なく，この W による表現はスペクトル法によるコミュニティ抽出 [6] などに利用されている．

　B と W の固有値が一致することを示す [7]．そこで，NB 中心性 [8] を考えよう．

i への incomming 中心性　$y_i \stackrel{\text{def}}{=} \sum_{j \in \partial i} R_{j \to i} = \sum_j A_{ji} R_{j \to i},$

i からの outgoing 中心性　$x_i \stackrel{\text{def}}{=} \sum_{j \in \partial i} R_{i \to j} = \sum_j A_{ij} R_{i \to j}.$

上式と $\lambda \mathbf{R} = B\mathbf{R}$, すなわち, $\lambda R_{i \to j} = \sum_{k \in \partial j, k \neq i} R_{j \to k}$ より,

$$y_i = \frac{1}{\lambda} \sum_{j \in \partial i} \sum_{k \in \partial i, k \neq j} R_{i \to k} = \frac{1}{\lambda} \left(\sum_{j \in \partial i} \sum_{k \in \partial i} R_{i \to k} - \sum_{j \in \partial i} R_{i \to j} \right)$$

$$= \frac{1}{\lambda} \left(\sum_{j \in \partial i} x_i - x_i \right) = \frac{1}{\lambda}(k_i - 1)x_i,$$

$$x_i = \sum_{j \in \partial i} \frac{1}{\lambda} \sum_{k \in \partial j, k \neq i} R_{j \to k} = \frac{1}{\lambda} \left(\sum_{j \in \partial i} \sum_{k \in \partial j} R_{j \to k} - \sum_{j \in \partial i} R_{j \to i} \right)$$

$$= \frac{1}{\lambda} \left(\sum_{j \in \partial i} x_j - y_i \right) = \frac{1}{\lambda} \left(\sum_{j=1}^{N} A_{ij} x_j - \frac{k_i - 1}{\lambda} x_i \right),$$

が得られる. これを行列ベクトル表記すると,

$$\left(A - \frac{1}{\lambda} D + \frac{1}{\lambda} I \right) \mathbf{x} = \lambda \mathbf{x},$$

と書ける. また, $\mathbf{z} = (x_1, \ldots, x_N, x_1/\lambda, \ldots, x_N/\lambda)$ とすれば, $W\mathbf{z} = \lambda\mathbf{z}$ となり, λ が W の固有値であることが分かる.

4.2.2 l ホップ先の恣意性がない CI propagation

式 (4.2) による $CI_l(i)$ 値はホップ数 l に依存するが, l の値としてどのくらい遠くまで選んだら良いのかは明らかでない. ところが, このホップ数 l に関する恣意性の問題は以下で解決できる.

$\mathcal{M}$ が非対称行列であることから, $2M$ 次元の左右ベクトル L, R に関する行列表記の固有値問題 $L^T\mathcal{M} = \lambda L^T$, $\mathcal{M}R = \lambda R$ を考えよう. べき乗法 [5] に従う離散時刻 t のメッセージ伝搬式として,

$$\text{incoming to } i: \; L_{i \to j}^t = \frac{1}{|L^t|} \sum_{k \in \partial i \setminus j} L_{k \to i}^{t-1} = \frac{1}{|L^t|}(L^T\mathcal{M})_{i \to j},$$

$$\text{outgoting from } j: \; R_{i \to j}^t = \frac{1}{|R^t|} \sum_{k \in \partial j \setminus i} R_{j \to k}^{t-1} = \frac{1}{|R^t|}(\mathcal{M}R)_{i \to j},$$

が導かれ [9], インフルエンサーとして選択されたノードの除去による行列 $\mathcal{M}$ の変化 $\delta\mathcal{M}$ に対する最大固有値 λ の変化分は

$$\delta\lambda = \frac{L(\delta\mathcal{M}R)}{L^T R} = \frac{1}{L^T R} \sum_{i \to j, k \to l} L_{i \to j} \delta\mathcal{M}_{i \to j, k \to l} R_{k \to l},$$

となる. ここで, $|\mathbf{x}|$ はベクトル $\mathbf{x}$ の大きさ (L^2 ノルム), ^{T} は行列の転置を表す.

150 　第 4 章　インフルエンサーの抽出や最適な攻撃耐性に関する進展

上記の $L_{i \to j}^t$ や $R_{i \to j}^t$ が収束する程度の時刻 t まで反復計算を行う.

その反復計算の後, 伝搬経路として, $j \to i \to l$, $i \to j \to l$, $i \leftarrow j \leftarrow k$ が i に関与することから, $\delta\lambda$ に寄与するメッセージ伝搬的な CI propagation 指標として

$$CI_p(i) = \sum_{j,l} (L_{i \to j} R_{j \to l} + L_{j \to i} R_{i \to l}) + \sum_{k,j} L_{k \to j} R_{j \to i}, \qquad (4.3)$$

が得られる. インフルエンサーとして, この $CI_p(i)$ が最も大きな値となるノード i を再帰的に選ぶ.

4.2.3　多数決の情報伝搬 LT モデルに対する拡張

式 (4.1) では, ノードが機能してその隣接ノードにリンクが接続していれば必ず情報伝搬が起こることを暗黙に仮定している. しかしながら, 現実的な状況では, 隣接ノードのある割合以上から同様な情報を受け, 周りの賛同者がある一定数を越えなければ, 他に拡散させることはしないだろう. そこで, こうした情報受動者主導の線形閾値 (LT: Linear Threshold) モデルが考えられている (2.2.2 項の閾値モデルも参照).

まず, 伝搬の種として各ノードの状態が活性か非活性かに従って, $n_i = 1$, あるいは, $n_i = 0$ を定める. ノード i の次数を k_i, 閾値を m_i と表記すると, 閾値によらず種ノードでは全ての隣接リンクに伝達する, あるいは, i が種ノードでないときリンク (i, j) を除いた $k_i - 1$ 本中で m_i 本の隣接先ノードが活性状態なら $i \to j$ に伝達するメッセージ伝搬式として,

$$\nu_{i \to j} = n_i + (1 - n_i) \left\{ 1 - \Pi_{P_h \in P_{\partial i \backslash j}^{m_i}} (1 - \Pi_{p \in P_h} \nu_{p \to i}) \right\}, \qquad (4.4)$$

$$\nu_i = n_i + (1 - n_i) \left\{ 1 - \Pi_{P_h \in P_{\partial i}^{m_i}} (1 - \Pi_{p \in P_h} \nu_{p \to i}) \right\},$$

が得られる [10]. 右辺第 1 項は種ノードからの伝達, 第 2 項は ∂i 中で少なくとも 1 組は閾値 m_i 以上の活性で伝達する条件, 集合 $P_{\partial i \backslash j}^{m_i}$ は $k_i - 1$ 本から m_i 本を選ぶ組合わせ $_{k_i-1}C_{m_i}$ 分の要素 P_h, $h = 1, 2, \ldots, {}_{k_i-1}C_{m_i}$ を持ち, その h 番目の要素 $P_h = \{p_{h_1}, \ldots, p_{h_{m_i}}\}$ は m_i 個のノードの集まり (p_{h_j} はノード ID) を表す.

式 (4.1) から式 (4.2) を導出したのと同様に, 式 (4.4) 右辺第 2 項の非線形関数を G と表記した線形近似

$$\nu_{\to}^{t+1} = \mathbf{n}_{\to} + F^t \nu_{\to}^t, \quad F^t = \left. \frac{\partial G}{\partial \nu_{\to}} \right|_{\nu_{\to}^t},$$

$$F_{k \to l, i \to j}^t = (1 - n_i) I_{k \to l, i \to j}^t,$$

から, 上付添字で表した時刻 $t = 1, 2$ における伝搬確率として,

$$\nu^1_{i \to j} = n_i + (1 - n_i) A_{ij} \sum_k A_{ki} (1 - \delta_{jk}) I^0_{k \to i, i \to j} n_k,$$

$$\nu^2_{i \to j} = \nu^1_{i \to j} + (1 - n_i) A_{ij} \sum_k A_{ki} (1 - \delta_{jk}) I^1_{k \to i, i \to j}$$
$$\times \sum_s A_{sk} (1 - \delta_{is}) I^1_{s \to k, k \to i} n_s,$$

が得られる.ここで,δ_{jk} は $j = k$ のとき 1,それ以外は 0 となるクロネッカーのデルタ,$I^t_{k \to l, i \to j}$ は($m_i = k_i - 1$ の時に一致する)NB 行列に対応した残り 1 つの活性で伝達できる臨界前: Subcritical 経路 $l \to i \to j$ に関する量で,もし $l = i$, $k \ne j$,$\sum_{p \in \partial i \setminus (k,j)} \nu_{p \to i} = m_i - 1$ なら $I^t_{k \to l, i \to j} = 1$,そうでなければ $I^t_{k \to l, i \to j} = 0$ とする.

ノード i を種とすると,i から $L = 1$ 及び $L = 2$ ホップ先への情報拡散の影響度はそれぞれ,

$$CI\text{-}TM_1(i) = k_i + \sum_{j \in \partial i} (1 - n_j) \sum_{k \in \partial j \setminus i} I^0_{i \to j, j \to k},$$

$$CI\text{-}TM_2(i) = CI\text{-}TM_1(i) + \sum_{j \in \partial i} (1 - n_j) \sum_{k \in \partial j \setminus i} (1 - n_k)$$
$$\times I^0_{i \to j, j \to k} \sum_{l \in \partial k \setminus j} I^1_{j \to k, k \to l},$$

と表される.さらにこれを続けて,$n_{i_1} = 1, n_{i_2} = 0, \ldots, n_i = 0$,$I^0_{i_1 \to i_2, i_2 \to i_3} = 1, \ldots, I^{L-1}_{i_L \to i, i \to j} = 1$ の時に $I^L_{i \to j, j \to k} = 1$ と定義された長さ L ホップの臨界前経路 $i_1 \to i_2 \to \ldots \to i_L \to i \to j$ を考えると,

$$CI\text{-}TM_L(i) = i \text{ からの長さ } L \text{ の臨界前経路の数,} \tag{4.5}$$

となり,式 (4.2) と同様に,与えられたホップ数 L に対して最大情報拡散の種として,$CI\text{-}TM_L(i)$ 値が最大のノード i を再帰的に選ぶ.

他に,情報拡散モデルとして,各リンクの拡散確率に従ってノードの活性あるいは非活性が決まる情報送信者主導の独立カスケード (IC: Independent Cascade) モデル [8] が用いられることも多い.しかしながら,LT モデルと IC モデルには,頂点被覆問題や集合被覆問題がそれぞれ対応し [11,12],影響最大化問題 [13] を含めて NP 困難 [14] である.したがって,これらの最適解を求めるアルゴリズムの開発は,今後も一筋縄には解決しないと考えられる.

残念ながら,インフルエンサーの抽出アルゴリズムはノード攻撃にも悪用できる.

---

[8] 拡散の種が与えられたとして,各辺の拡散確率が同一値の IC モデルの動作は,SIR モデルで感染後の次時刻に一度だけ(複数からの同時感染では,ある順序でそれぞれ一度だけ)隣接ノードに伝染する場合に相当する.

すなわち，CI_l（あるいは CI_p や $CI\text{-}TM_L$）の値が最大のノードを標的として選んで，こうしたノードの選択と除去をこれらの指標値の再計算をしながら繰り返せば，悪意のある攻撃となる [3, 15].

4.2.4 Google の PageRank 中心性との類似

ところで，現状における筋の良い機械学習的なアルゴリズムは以下に示すように，ほとんどがメッセージ伝搬に基づく反復解法である.

- 階層型ニューラルネットの誤差逆伝搬（深層）学習 [16]
- 逐次モンテカルロ法に対応する遺伝的アルゴリズム (GA: Genetic Algorithm) [17]
- ターボ符号復号や画像修復などにおける確率伝搬法 (BP: Belief Propagation)[9]) [18, 19]
- スピングラス統計物理手法による組合わせ最適化問題の近似解法 [20–22]
- 購買データや観光客の訪問データに対する非負値行列/テンソルの因子分析，補助関数を用いたその反復計算法 [23–26]
- Google の検索エンジンである PageRank [27] 中心性 [10]

インフルエンサーを見つける問題も NP 困難に属すると考えられ，先の CI 指標の計算は（べき乗法を経由するなどで）貪欲的にこれを推定するメッセージ伝搬法の一種であった.

さらに，CI と PageRank の**どちらも属性データではなく関係性データに着目している点が類似** する．WWW(World Wide Web) 検索の高精度化に向けて研究開発が激化していた'90 年代初頭，当時最も注目されていた二大技術は，高度 AI 言語理解とリコメンデーション/協調フィルタリング（「いいね」に相当するもの）であった [28]．どちらも属性値に基づくもので，利用者の意図の理解への壁や信頼できる膨大な推奨データの収集あるいは悪意な操作をいかに排除できるかに関する深刻な問題などから，現在ですら手法として確立されてない．一方，Google はそれらとは全く異なる（多数の参照を通じて頁に対する人々の評価が埋め込まれ，しかも自動収集が可能な）リンク構造というネットワーク型の関係性データに着目した．しかも，有向グラフである WWW 上の乱歩による滞在頻度が頁のランク値に相当すると考え，確率行列の固有ベクトルの計算と数学的には等価なランク値計算を大規模分散的に効率良く解ける，メッセージ伝搬に基づく PageRank アルゴリズムを武器

---

[9] BP は後述する Cavity 法における Bethe-Peierls 近似の略称でもある.

[10] PageRank は，人々のつながりから権力者を見つける為に，社会ネットワーク分析において考案された中心性指標の，ある種の拡張と捉えられる（コラム 4 も参照）．種々の中心性については，http://ds9.jaist.ac.jp:8080/netsci/be6_CentralityPageRank.pdf を参照されたい.

として IT 業界で世界の覇者にまでなった. もっとも, 潜在的な市場や類似点があっても, インフルエンサービジネスが検索広告ビジネスと同様に今後広く普及し, CI を武器とした起業化が成功するかどうかは現時点では定かではない.

4.3 攻撃耐性の最適強化は本質的に難しい

ネットワークとしての伝達機能を保つには, 例え悪意のある攻撃を受けても分断されず全体の連結性を維持できることが望ましい. 故障や攻撃によるノード除去の割合に対して, どの程度の結合耐性を持つのかを調べることは, 物理学では, 浸透：パーコレーション問題として議論されてきた. 一般に, 互いに繋がった最大連結成分 (GC: Giant Component) のサイズは, ノード除去率と（次数分布や次数相関などに関係する）ネットワーク構造に依存する. ノードの存在と除去はそれぞれ, パーコレーションでは占有と非占有とも呼ばれ, 連結性によって（情報や感染が）どこまで広く浸透するかが議論される（本書 1.7.4 項や 1.7.5 項を参照）.

例えば, 蜂の巣格子や正方格子などの規則的なネットワーク構造では, 一様ランダムなノード除去に対して全体の連結性が崩壊（逆方向に $1 - q$ の率で占有していけば全体へ浸透）するときの除去率の臨界値 q_c が解明されている [29].

また, べき指数 $\gamma > 0$ の次数分布 $p_k \sim k^{-\gamma}$ に従う Scale-Free(SF) ネットワークでは, 次数が大きい順にノードを除去していく選択的なハブ攻撃に対して極めて脆弱で, わずか数 %（平均次数 $\langle k \rangle = 2M/N$ に依存する小さい値）の除去率でバラバラになってしまうという衝撃的事実 [30, 31] が良く知られている. しかも残念ながら, 社会的, 技術インフラ的, 生物的な多くの現実のネットワークには, この脆弱な SF 構造が共通して存在する [32–34].

さらに近年, バラバラに分断される臨界点では以下のように, ネットワーク構造の細かな違いに依存しないかなり広い範囲のクラスでループ無グラフになる, より本質的な特性も分かってきた [22].

- **Dismantling（剥ぎ取る, 裸にする）問題**

  グラフ G の dismantling 数 $\theta_{dis}(G)$ として, GC のサイズが定数 C より小さくなる為に除去するノードの最小比を求める.

- **Decycling 問題**

  グラフ G の decycling 数 $\theta_{dec}(G)$ として, ループ無グラフにする為に除去するノードの最小比を求める. このループ無グラフにする為に除去する最小のノード集合を求める問題はコンピュータ科学では Feedback Vertex Set(FVS)

154　第 4 章　インフルエンサーの抽出や最適な攻撃耐性に関する進展

問題と呼ばれ，FVS の大きさ $|FVS| = N\theta_{dec}(G)$ となる.

ある次数分布 p_k に従ってランダムに作られた（一定のリンク数 M が $O(N)$ 程度の）疎グラフにおけるアンサンブル平均を $E[\cdot]$ とした時，上記の両問題はサイズ $N \to \infty$ で漸近的に等価となる.

$$\theta_{dec}(p_k) = \lim_{N \to \infty} E[\theta_{dec}(G)], \ \theta_{dis}(p_k) = \lim_{N \to \infty} \lim_{C \to \infty} E[\theta_{dis}(G, C)],$$

- 任意の次数分布 p_k で $\theta_{dis}(p_k) \le \theta_{dec}(p_k)$,
- 次数の 2 乗の期待値が有限：$\langle k^2 \rangle = \sum_k k^2 p_k < \infty$ ならば $\theta_{dis}(p_k) = \theta_{dec}(p_k)$.

よって，**攻撃耐性の最適強化は，FVS をできるだけ大きくするネットワーク構造をいかにして見つけるかという問題に帰着**する.

しかしながら，そもそも評価尺度となる FVS を求めること自体が，NP 困難な組合わせ問題に属する [35]．したがって，多項式時間の計算アルゴリズムは見つかりそうになく，近似解法に頼らざるを得ない．中でもメッセージ伝搬法は有力と考えられ，その 1 つとして，統計物理のアプローチから BP 法に基づいた，FVS 問題に対する近似解法を 4.4 節で紹介する.

4.4　機械学習的な高速近似解法

多数の要素（ノードなど）が相互作用する系において最近接相互作用のみ厳密に評価して，それ以外の影響は周辺分布で近似して解く Bethe-Peierls 近似 [18] を Hamiltonian 形式で表現されない一般的な確率モデルに対して拡張した Cavity（空洞）法を考える [21].

Cavity 法では，図 4.2 のように，仮にノード i を除去したとすると，隣接ノード $j, k, l, m \in \partial i$ は部分木に分かれて互いに独立であると仮定する（実際は隣接ノード間はある経路で繋がっているかも知れないとしても）．ノード i の根を状態 A_i と表記し，i の根が存在しない状態は非占有 $A_i = 0$ と定義する．また，A_i に関するノード i とリンク $j \to i$ の周辺分布を $q_i^{A_i}$，$q_{j \to i}^{A_j}$ と表記すると，隣接ノード集合の状態 $\{A_j\}$ の同時分布 $\mathcal{P}_{\backslash i}(A_j : j \in \partial i)$ は先の仮定から独立積として，

$$\mathcal{P}_{\backslash i}(A_j : j \in \partial i) \approx \Pi_{j \in \partial i} q_{j \to i}^{A_j}.$$

と書き表される.

このとき，各ノード i が取り得る状態 A_i は，周りの隣接ノード $j \in \partial i$ の状態に

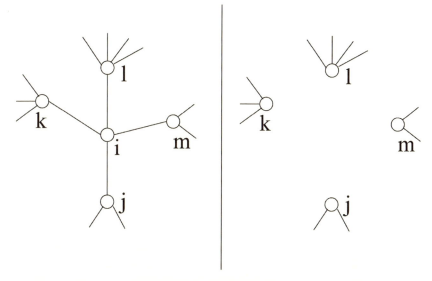

図 4.2 Cavity（空洞）グラフ

影響されて以下のように場合分けされる．

1. $A_i = 0$: i は非占有の状態：木の根として不要
   ⇒ 木以外のループ形成の為のノード，FVS の候補
2. $A_i = i$: i 自身が根．i が追加結合された時，隣接 $j \in \partial i$ の状態 $A_j = j$ は，i が j の根の状態 $A_j = i$ に変化可
3. $A_i = l$: i が追加結合された時，ある隣接 $l \in \partial i$ が存在して，他の全ての $k \in \partial i$ が非占有あるいは根なら，l が i の根

これら 3 通りに対応したノード i の根を表す状態 $A_i = 0, i, l \in \partial i$ の確率 q_i^0, q_i^i, q_i^l, として，

1. i が非占有の確率：$q_i^0 = \frac{1}{z_i}$,
2. $j \in \partial i$ が非占有あるいは根で，i が根の確率：

$$q_i^i = \frac{e^x \Pi_{j \in \partial i}(q_{j \to i}^0 + q_{j \to i}^j)}{z_i},$$

3. $l \in \partial i$ が占有かつ他の $k \in \partial i$ は非占有あるいは根で，i の根が l の確率：

$$q_i^l = \frac{e^x (1 - q_{l \to i}^0) \Pi_{k \in \partial i}(q_{k \to i}^0 + q_{k \to i}^k)}{z_i},$$

156　第4章　インフルエンサーの抽出や最適な攻撃耐性に関する進展

が導かれる．ここで，正規化条件 $q_i^0 + q_i^i + \sum_{l \in \partial i} q_i^l = 1$ より，

$$z_i \stackrel{\text{def}}{=} 1 + e^x \left\{ \Pi_{j \in \partial i}(q_{j \to i}^0 + q_{j \to i}^j) + \sum_{l \in \partial i}(1 - q_{l \to i}^0)\Pi_{k \in \partial i \setminus l}(q_{k \to i}^0 + q_{k \to i}^k) \right\},$$

とする．

これらからメッセージ伝搬による各確率の BP 更新式として，

$$q_i^0 \stackrel{\text{def}}{=} \frac{1}{1 + e^x \left\{ 1 + \sum_{k \in \partial i(t)} \frac{1 - q_{k \to i}^0}{q_{k \to i}^0 + q_{k \to i}^k} \right\} \Pi_{j \in \partial i(t)} \left(q_{j \to i}^0 + q_{j \to i}^j \right)} \tag{4.6}$$

$$q_{i \to j}^0 = \frac{1}{z_{i \to j}(t)}, \quad q_{i \to j}^i = \frac{e^x \Pi_{k \in \partial i(t) \setminus j} \left(q_{k \to i}^0 + q_{k \to i}^k \right)}{z_{i \to j}(t)}, \tag{4.7}$$

$$z_{i \to j}(t) \stackrel{\text{def}}{=} 1 + e^x \Pi_{k \in \partial i(t) \setminus j} \left(q_{k \to i}^0 + q_{k \to i}^k \right) \times \left(1 + \sum_{l \in \partial i(t) \setminus j} \frac{1 - q_{l \to i}^0}{q_{l \to i}^0 + q_{l \to i}^l} \right), \tag{4.8}$$

が導かれる [21]．ここで，$\partial i(t)$ は離散時刻 t における i の隣接ノード集合，$\partial i(t) \setminus j$ は $\partial i(t)$ から j を除いた集合，e^x は確率値の積による数値的な桁落ちを防ぐ項で $x > 0$ は逆温度パラメータと呼ばれる．式 (4.8) は正規化条件 $q_{i \to j}^0 + q_{i \to j}^i + \sum_{l \in \partial i} q_{i \to j}^l = 1$ による．これらをアルゴリズムとして以下に整理する．

Algorithm 1 FVS 候補を求める BP 法

　　対象とするネットワークを与える
　　repeat
　　　$t = 0$: 初期値として各確率を $(0, 1)$ 乱数で設定
　　　repeat
　　　　$t \leftarrow t + 1$
　　　　ある一定回数の複数ラウンドならなる更新を毎単位時間に実行
　　　　for 各ラウンドは，1 から N 番目までランダム置換したノード順に **do**
　　　　　各ノード i について，隣接ノード $j \in \partial i$ からの確率値の局所的なメッセージ伝搬である式 (4.6)(4.7)(4.8) 右辺を計算して左辺に代入する
　　　　end for
　　　until 収束したと判断できる時刻 T まで
　　　q_i^0 が最大のノード i を FVS 候補として選んで除去
　　until ネットワークからループが無くなるまで再計算

隣接ノード間のメッセージ伝搬を繰り返す **for** 文のラウンド数は，数値が収束す

る程度の回数を選べば良い[11]．その際，もし複数のノード $i, i', \ldots$ がそれぞれ 2 ホップ以上離れていれば直接影響し合わないので，同時分散で伝搬更新することもできるが，ここでは条件判定が不要な置換順の一巡の更新を考えた．また，一番外側の **repeat until** に関しては，ループの無い木構造なら，次数 1 の葉ノードの除去を再帰的に行えば孤立ノードのみが最後に残ることから，孤立ノードのみにならなければループの存在が判定できる．

上記の FVS 候補の選択をノード攻撃の標的として適用すると，次数順のノード攻撃（いわゆるハブ攻撃）よりも深刻な事態を招いて最大連結成分 GC が急激に崩壊する，現状で最悪のダメージを与える BP 攻撃となる [36]．BP 攻撃によるその急激な崩壊の数値例を次節に示す．

4.5 攻撃に最も強い玉葱状構造の創発

4.5.1 正の次数相関を持つ玉葱状構造

最適な結合耐性を持つネットワークを考えよう．これまで最もダメージが大きいと考えられてきた，**悪意のある次数順のノード攻撃に対して最も強い頑健性（結合耐性）を持つネットワークは，少し強めの正の次数相関を示す玉葱状構造である**ことが，母関数と数値解析から近年明らかとなった [37,38]．次数が大きい（高い）ノードは大きいノードと，次数が中くらいのノードは中くらいのノードと，次数が小さい（低い）ノードは小さいノードという具合に，それぞれ次数が同程度のノードが結合しやすいとき，正の次数相関となる（1.7.5 項も参照）．次数が大きいノードから小さいノードに中心から周辺に置き，次数が同程度のノードを同心円上に配置すると，図 4.3 のように可視化されることから玉葱状と呼ばれる．ただし，正の次数相関を強くするほど頑健性が向上する訳ではなく [37]，玉葱状構造になるには適度な次数相関が望ましい．直感的には，玉葱状構造における複数の階層：半径が違う輪をつなぐさまざまなループの存在が，頑健性を強化していると考えられる．

もし，インターネットや電力網などの現実の脆弱な Scale-Free(SF) ネットワークを正の次数相関となるよう，類似した次数のノード同士を結合しやすくリワイヤ [39] すれば，頑健性は向上することが知られている．また，別のリワイヤ法として，ランダムに 2 つのリンク A-B と C-D を選んでそれらを交差交換（スワップ）した A-D と C-B によって頑健性が向上する．4.5.3 項で述べる式 (4.9) で定義された頑健性指標 R 値の更新前後の差が $R^{new} > R^{old}$ のときのみリワイヤ更新するこ

---

[11] 一般に BP 法では，木構造でないと収束は厳密には保証されないが，ループがあっても多くの場合は収束する．

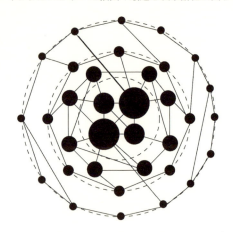

図 4.3 可視化された玉葱状構造．黒丸の大きさは次数に比例，仮想的な同心円は点線で表示

とを繰り返す方法 [38] も考えられているが，大域的な GC の探索や R 値の計算と更新破棄などによって計算時間を浪費する．一方，上記のリワイヤ法 [39] は局所的な次数に基づく処理で，その点を改善している（本書 1.7.5 項も参照）．

しかしながら，これらのリワイヤ法では，既存のつながりを全て捨ててリンクを張り直すことが求められ，非現実的である．また，外側の輪を順次成長させて玉葱状構造を構築する MANDARA ネットワーク [40] も提案されているが，時刻毎に一番外側の円周上のノード数の倍々のノードを追加しなければならず制約が強い．

4.5.2 仲介に基づく玉葱状構造の自己組織化

そこで，ネットワークを逐次成長させながら玉葱状構造を構築していく設計法が提案されている [15,41–44]．**最適な結合耐性を持つ玉葱状構造の設計法は，現状の非常に脆弱な通信網，電力網，輸送網，経済的あるいは社会的な人々のつながり，などを修復改善していく広い可能性を秘めている．**そのアルゴリズム [15,41] を以下に示す．

図 4.4 は，玉葱状構造となる為に最低限必要な $m = 4$ の例を模式的に示す．図中の実線と点線は新ノードからの結合と既存ノード間の結合をそれぞれ表し，ジグザグ線は $\mu = 5$ 仲介先のノードへの経路を表す．ただし，BA(Barabási-Albert) モデル [45] と同様に自己ループや多重リンクは禁止して結合先を再選択する．新ノードからの結合を $\mu + 1$ ホップ先に手間やコストが節約できるよう範囲限定しても，これを繰り返せば遠いノードとも結合でき，この仲介は組織論における「遠距離交

4.5 攻撃に最も強い玉葱状構造の創発 | 159

Algorithm 2 次数相関を強化するリワイヤ法 [39]

初期化：与えられた次数分布 $p(k)$ に従って $Np(k)$ 個だけノード i に $k_i = k$ を割り当て，最小次数から昇順に定められた次数順位 s_i を与える.

割り当てられた各リンクの根元側は i とするが，もう片側は未接続として，こうした未接続リンクを持つノードの連結成分をスタブ：切り株と呼ぶ.

repeat

    ノード i と $j \neq i$ の未接続リンクをランダムに選ぶ

    if i と j が既にリンクされてなければ（多重リンクの禁止）**then**

$$\frac{1}{1 + a|s_i - s_j|}$$

    で確率的に接続. $a > 0$ はパラメータ（例えば，$a = 3$ とする [39]）

    end if

until 全てのスタブ間で繋げられなくなるまで

if $\exists$ 未接続リンクや複数の連結成分に断片化：入れ替え手続き **then**

    repeat

        Step1: 異なるスタブのノード i と j の未接続リンクをランダム選択

        $\exists$ 未接続なら，ランダム選択したリンク (i, j) を切断

        Step2: 出きるだけ i と j が属さない断片中でランダムに 1 本のリンク (k, l) を選び，それを切断（片側の端が未接続なリンクが 2 本できる）

        Step3:

        if 自己ループや多重リンクができなければ **then**

            (i, l) と (k, j) につなぎかえて断片を連結化

        else

            Step2 に戻って再試行

        end if

    until 全て連結するまで

end if

際」[12] を無理なく実現していると解釈できる. その際，新ノード経由で絡まった多数のループの形成が頑健性を強化していく. 実際，次項に示すように，ネットワークの成長に伴う FVS の推定サイズと頑健性の強さには強い相関が見られる. 玉葱状構造ができる直感的な理由としては，

- ペアの片方のランダム選択ノードへの結合は（比較的早い時刻に挿入された）古株ノードの次数を大きくし，それら古株ノード間は互いにつながってる可能性が高いことから高次数ノード間の次数相関を大きくすることに貢献する

---

[12] 「遠距離交際」のおかげで，トヨタ自動車（株）の大手下請け工場が大火災に遭遇した際に在庫を持たないサプライチェーンが早期復旧できたことや，農村部である中国温州の人々が世界規模の経済ネットワークを形成して成功したことなどが，詳しく事例分析されている [46].

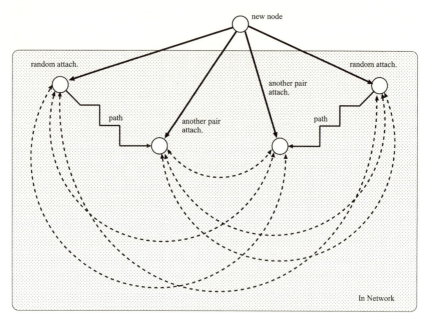

図 4.4 仲介によるネットワーク生成. [41] より

Algorithm 3 仲介に基づく玉葱状ネットワークの自己組織化

$t = 0$: $m+1$ ノードの完全グラフ K_{m+1} など，成長の種となる初期構成を与える
repeat
 毎時刻 $t \leftarrow t+1$ に新ノード 1 個を追加
 新ノードから既存ノードへ偶数 m 本リンクする際の結合先を以下に従って選択
 for 図 4.4 のように $m/2$ 個のペアノードとして **do**
  ペアの片方のノードは一様ランダムに選ぶ
  もう片方のノードは，上記のランダム選択ノードから $\mu+1$ ホップ先で最小次数のノードを選ぶ
 end for
until 所望のサイズ N まで成長させる

- もう片方の μ 仲介先における最小次数ノードへの結合は，新ノードの次数が最小次数 m であることに気づけば，低次数ノード間の次数相関を大きくすることに貢献する

と考えられる．

4.5.3 数値例 —頑健性とレジリエンスについて—

高い頑健性と程良い強さの次数相関を持つネットワークが玉葱状構造となる．よっ て，以下の R 値と r 値を調べて，それらの両値が大きいときは玉葱状構造と判断で きる．

頑健性指標として，ネットワークにおける故障や攻撃等によるノードの除去率 q に対する最大連結成分 GC のサイズ $S(q)$ （GC に含まれるノード数を幅優先探索 によるラベリング法などで計数）を累積した

$$R \stackrel{\text{def}}{=} \sum_{q=1/N}^{1} S(q)/N, \qquad (4.9)$$

が用いられる．ここで，$\sum_q$ は，ノード 1 個目の除去率 $1/N$，ノード 2 個目の除去率 $2/N$, ..., ノード $N-1$ 個目の除去率 $N-1/N$，ノード N 個目の除去率 $N/N = 1$ に関する和を表す．完全グラフのときに最大値 $R = 0.5$ となり，R 値が大きいほど 頑健性が高い．GC が崩壊して $S(q_c) = 1$ となる臨界値 q_c が例え同じでも，その崩 壊の急峻さに従って異なる R 値となることがあり，臨界値 q_c よりも R 値の方が頑 健性に関する詳しい指標と言える．

一方，次数相関の強さを表す（次数に対する Pearson 相関係数に相当する）As- sortativity [48] は，

$$r \stackrel{\text{def}}{=} \frac{4M \sum_e (k_e k'_e) - \left\{ \sum_e (k_e + k'_e) \right\}^2}{2M \sum_e (k_e^2 + k'^2_e) - \left\{ \sum_e (k_e + k'_e) \right\}^2}, \qquad (4.10)$$

と定義される [13]．ここで，k_e と k'_e はリンク $e = (i, j)$ の両端ノード i と j の次数 を表し，$-1 \leq r \leq 1$ である．$r > 0$ が正の次数相関を示す．

以下，仲介数 μ の値や初期構成の種類ごと，前項のアルゴリズムに従って確率的 に生成した 100 サンプルのネットワークに対する平均値を議論する．図 4.5 は，(a) 完全グラフ K_5 と (b)BA モデルによる $N = 200, m = 4$ の Scale-Free(SF) ネッ トワークを初期構成として，横軸のサイズ N まで前項のアルゴリズムに従った仲 介に基づく $m = 4$ の自己組織化で成長させたときの次数相関の変化を示す．図 4.6 と 4.7 は図 4.5 に対応して，次数順攻撃と BP 攻撃に対する頑健性をそれぞれ示す． 両攻撃とも，ノード除去後に次数の再計算や一定のラウンド回数を経た式 (4.6) の q_i^0 値の再計算をしてから，次の除去ノードを選択している．これらの図から，仲介

---

[13] 式 (4.10) と等価な r 値の計算式として，本書 1.7.5 項の式 (1.7) や，$S_e \stackrel{\text{def}}{=} \sum_{i,j} A_{ij} k_i k_j$, $S_1 \stackrel{\text{def}}{=} \sum_i k_i$, $S_2 \stackrel{\text{def}}{=} \sum_i k_i^2$, $S_3 \stackrel{\text{def}}{=} \sum_i k_i^3$, を用いた，$r \stackrel{\text{def}}{=} \frac{S_1 S_e - S_2^2}{S_1 S_3 - S_2^2}$ などがある [49]．ど の計算式を選ぶかは，ネットワークを表現するノード毎のあるいはリンク毎のリストなどのデー タ構造に依存して，あるいは（3 乗などによる）数値的発散なども考慮して使い分けると良い．

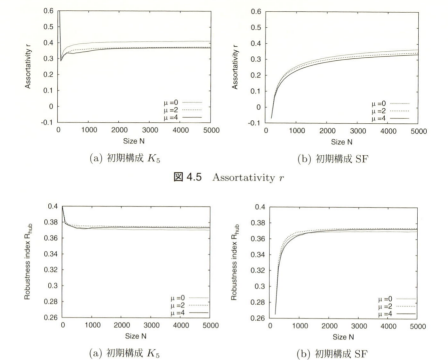

図 4.5　Assortativity r

図 4.6　次数順攻撃に対する頑健性指標 R_{hub}

数 μ の値にはあまり依存せず，成長後の比較的早い段階 $N > 1000 \sim 2000$ 程度で，$r \gtrsim 0.3$ 及び $R \gtrsim 0.36$ と高い値を示し，この自己組織化によって玉葱状構造が創発されていると言える．特に，図 4.6(b)4.7(b) から，脆弱な SF ネットワークからの素早い構造変化が見て取れる．

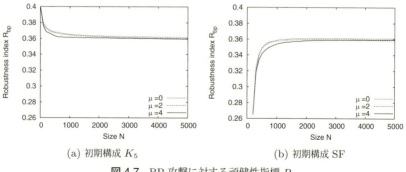

図 4.7　BP 攻撃に対する頑健性指標 R_{bp}

4.5 攻撃に最も強い玉葱状構造の創発 | 163

　図4.6と4.7の(a)(b)をそれぞれ対応付けて比較すると，玉葱状ネットワークを生成する各々の仲介数 μ 値における線分上の各 N で $R_{hub} > R_{bp}$ となり，次数順攻撃よりもループを破壊する BP 攻撃の方がダメージが大きい．このことは，図4.8において，次数順攻撃と比べて BP 攻撃では最大連結成分 GC の崩壊が突然起こ

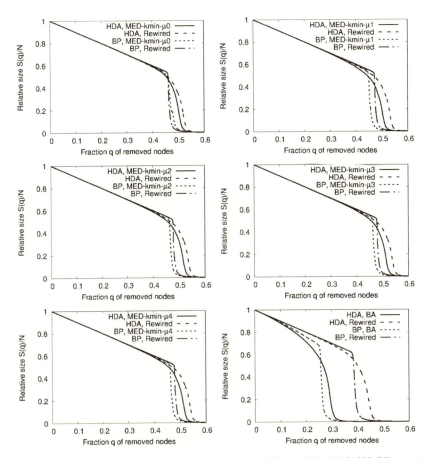

図4.8 次数順攻撃:HDA と崩壊が急峻な BP 攻撃の攻撃率 q に対する最大連結成分 GC のサイズ比 $S(q)/N$．左上から右上，左中段，右中段，左下は仲介数 $\mu = 0, 1, 2, 3, 4$ に基づいて生成された玉葱状ネットワーク (MED-kmin)，右下は BA モデルによる SF ネットワークの攻撃耐性を示す．グラフ曲線が右にシフトした Rewired はそれらのネットワーク (MED-kmin や BA) をリワイヤ [39] したベンチマーク比較としての結果．[41] より

164 第4章 インフルエンサーの抽出や最適な攻撃耐性に関する進展

ることにも対応する[14]. 特に BP 攻撃では, 攻撃率 q が小さい間は除去ノード以外で孤立部分ができない（45°ラインの）ほぼ直線的な傾向を示し, 攻撃箇所以外はほぼ無傷の緊急性を感じさせない局所被害の状況から, 臨界点 q_c 付近で急に崩壊する陰湿さが見て取れる. 図4.8左上から左下までに示すように, 提案した自己組織化による玉葱状ネットワークでは, それらをリワイヤ[39]した次数相関の強化で攻撃耐性の最適化を試みても結果にほとんど差がないのに対して, 図4.8右下の SF ネットワークでは, リワイヤしたときの結果と大きなギャップが生じている. また, 玉葱状ネットワークでは GC 崩壊の臨界除去率 $q_c \approx 0.5$, SF ネットワークでは $q_c \approx 0.3$ である. したがって, SF ネットワークでは正の次数相関の強化によって頑健性が大きく改善できる一方, この自己組織化による玉葱状ネットワークでは既に最適に近い攻撃耐性を持っていると言える.

表4.1 種々のノード攻撃

標的	基本	亜種
一様	ランダム	
中心	媒介中心性など	
ハブ	次数順 [33]	知人の免疫化 [53]
拡散の要	CI_l [3]	CI_p [9]
		$CI\text{-}TM_L$ [10]
結合の核	CoreHD [55]	
	2-core	k-core
ループ	BP [36]	BPD [21]

ここで, 現状におけるノード攻撃を表4.1に整理しておこう. 大まかな傾向としては, 不慮の故障に相当する一様ランダムなノード除去が一番威力が弱く, 表の下ほど攻撃の威力が強い. ただし, 媒介中心性 [51,52] が高いノード順の攻撃が次数順より威力を発揮する場合など [54], ネットワーク構造に依存した詳細な比較は数値シミュレーションを要する. また, 標的とするノードの選び方の基本的な考え方に対応した亜種として, 威力は若干弱まるものの, より少ない計算量で標的を見つけられる方法があり, テロなどに悪用されかねないことにも注意しよう. 例えば, 知人の免疫化 [53] は, 一様ランダムに選択したノードの隣接ノードの集合中で一様ランダムに1つのノードを選ぶ簡易な方法により, 高い確率で高次数ノードを標的にできる. Belief Propagation-guided Decimation(BPD) [55] では, q_i^0 値が大きい上位

---

[14] この様な不連続の転移は, ある普遍的なメカニズムに基づくのかも知れない [50].

fN 個を標的として一度に選んで計算量を削減できる．割合 f の値はサイズ N によるが，10^{-2} や 10^{-3} など，上位の数十から数百くらいを一度に選ぶ．CoreHD [55] は，次数 1 の葉ノードを再帰的に除去した（ぶら下がった部分木を除いた）2-core 中における最大次数ノードを標的にする方法（次数 $k-1$ 以下のノードを再帰的に除去した，拡散の要を多く含む k-core に対しても拡張可）で，BP 攻撃に若干劣るがそれに近い威力を有する．これら種々の攻撃に対して，とりわけ現状で最も威力がある BP 攻撃にも強い耐性を持つネットワークの構築法を探ることが重要となる．

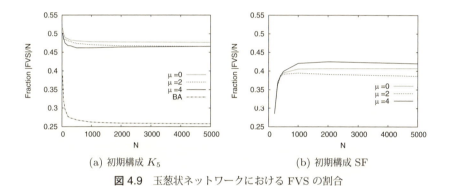

(a) 初期構成 K_5 (b) 初期構成 SF

図 4.9 玉葱状ネットワークにおける FVS の割合

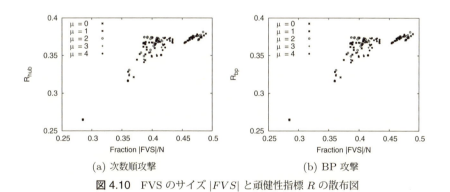

(a) 次数順攻撃 (b) BP 攻撃

図 4.10 FVS のサイズ $|FVS|$ と頑健性指標 R の散布図

頑健性とループの関連性について話を戻そう．図 4.9 は，仲介による自己組織化で構築される玉葱状ネットワークにおいて，式 (4.6)(4.7)(4.8) の反復に従った BP 法で推定された（ループ形成に不可欠な）FVS が含まれる割合 $|FVS|/N$ を示す．横軸の N は時刻 t に相当することに注意すると，図 4.9(a)(b) それぞれの初期構成から成長に伴う変化が見て取れる．仲介数 μ の値で多少の差はあるが，玉葱状ネッ

トワークではノード N 中の 40% 程度以上が FVS であるのに対して，図 4.9(a) の一点鎖線で示す BA モデルによる SF ネットワークでは 25% ほどしかないことが分かる．

頑健性と FVS の大きさとの相関を図 4.10 に示す．仲介数 μ の値によって若干変動はあるものの，相関係数は (a) 次数順攻撃の場合は 0.74 ~ 0.93，(b)BP 攻撃の場合は 0.78 ~ 0.94 と両者とも高い．したがって，4.3 節で指摘したように，FVS が大きい（すなわち，多くのノードで絡まったループが多い）ほど頑健性が高くなることが示唆される．

また，仲介に基づく自己組織化による玉葱状ネットワークは，高い頑健性のみならず（最小ホップ数で計った 2 ノード間の平均経路長がサイズ N に対して $O(\log N)$ となる）効率の良い Small-World(SW) 性も満たす [15]．**高い頑健性と効率：SW性の共存**は，現実の多くのネットワークを含め，これまでのモデルでも実現が不可能であったが，これを克服している．生物的なネットワークの成長メカニズムを模倣した Duplication-Divergence(D-D) モデル [56,57] を拡張したコピーモデル [42–44] でも玉葱状構造を逐次成長で構築できるが，仲介に基づく自己組織化の場合と比べると頑健性と効率：SW 性に関する性能がやや劣る．ちなみに，D-D モデルの次数分布がべき乗則にほぼ従うことは，知人の免疫化 [53] において高次数ノードが確率的に選ばれやすい傾向と関係している．

さらに，この玉葱状ネットワークでは，許容量を越えた過負荷伝搬に基づくカスケード：連鎖故障 [58,59] を，多くのループの存在に裏付けられた適応的な迂回経路によって（現実の多くのシステムに共通する Scale-Free(SF) ネットワークよりも）効果的に抑制できる [41]．カスケード故障のメカニズムは，電力崩壊や輻輳（渋滞）などに共通して，きっかけとなる小さな故障などによる経路変更によって通電や転送の許容量を越えた過負荷故障が別の正常だったノードに生じて，その過負荷故障が更なる経路変更と過負荷に連鎖して大規模化する現象で，ネットワークとして例え連結していても伝達機能が失われる点で深刻な事態を起こし得る．こうした問題に対して近年特に，大規模災害を防ぐためにシステム論的な観点から，（竹のように）しなやかな適応力や復活力を備えたレジリエンス [60–62] という考え方が注目されている．ある箇所に与えられた衝撃の力学的負荷圧力を，スポンジのように分散して物理的な破損を食い止めるのと同様に，先の**玉葱状ネットワークにおける迂回経路がカスケード故障の広がりを抑え，レジリエンスを実現**している．

より一般に，レジリエンスとは，固くて頑丈でも限界に達すると脆い従来のシステムから脱却して，必ずしも全く元通りに戻る訳ではないかも知れないが [61,62]，状況の変化に適応しつつ基本的な機能や健全性を維持できるよう，いざというときに備えて許容の幅を広げて好ましい状態からはじき出されない適応力や復活力を持

つ新たな設計運用指針である.

　対比として，多くの現行システムに（ほとんど無意識だろうが）潜む脆弱さを増幅する要因と，レジリエンスを高める要因 [60] を表 4.2 に示す．それぞれの要因は，SF ネットワークの基本的な生成原理と考えられる優先的選択 [15] と，玉葱状構造を創発させる際に冗長なループを強化する仲介に基づく自己組織化にほぼ対応している．もちろん，単に冗長化するだけでは無駄でしかなく，冗長のさせ方が重要となる．ただし，耐性，信頼性，対応と回復などを上記に加えた概念レベルの理解はできるとしても，レジリエンスの具体的な実現方法やシステム設計法については十分体系化されておらず，今後の研究の進展が期待される.

表 4.2　概念的な対比

多くの現行システム	レジリエンスを高めるシステム
構造や操作の複雑さ	適正な単純さ
ハブへの一極集中	局所，分散
効率偏重	重複冗長
（上記に従う）同質性	（ランダム選択や複数経路など）多様性

4.5.4　次数分布の数値的推定法 —BA モデルにおける解析の拡張—

　次数分布は頑健性などネットワークの特性に影響を与える重要な指標の 1 つである．そこでまず，Scale-Free(SF) ネットワークを生成する BA モデル [45] における，べき乗次数分布の解析法についておさらいしておこう．毎時刻 $t = 1, 2, 3, \ldots$ に，新ノード 1 個を追加挿入し，新ノードから既存ノードに m 本リンクする際，優先的選択により，既存ノードにはその次数に比例した確率で結合 (attach) される．したがって，個々のネットワーク生成では変動があっても平均的挙動としては，時刻 $t_i \leq t$ に挿入されたノード i の次数の増分はその次数 k_i に比例し，時刻 t で $\sum_i k_i \approx 2mt$ となることから，

$$\frac{dk_i}{dt} = m\frac{k_i}{2mt},$$

---

[15] 次数が大きいほどノードへの結合確率が高い優先的選択は，「金持ちはより金持ちになる原理」とも称される．つまり，ノードを人にお金の量をリンク数に対応付ければ，皆が利己的により儲かると考えられる金持ちと（付き合う）取引すると，結果的に金持ちがさらに利益を得るのと似ている．例えば，国内線への新規参入者であれば羽田就航便の開設を望むであろう．なぜなら，羽田便であれば少ない乗り継ぎ回数で全国どこでも行けて効率が良いから利用者が多いと見込めて，参入業者は儲かることが期待されるから．このようにそれぞれが利己的な選択をする，効率偏重の同質性が優先的選択の本性と考えられる．その結果，意図せずともハブが生まれ，脆弱なネットワークとなる．人々の強欲が元凶であることや，破滅的自体が起きた後では手遅れなこと（復旧は長期化あるいは最悪元には戻らない）など，環境問題と似ている.

168　第 4 章　インフルエンサーの抽出や最適な攻撃耐性に関する進展

が連続時間近似で得られる．この微分方程式を変数分離法で解くと，

$$k_i(t) = m\sqrt{\frac{t}{t_i}},$$

と時間 t の関数で表される．さらに，次数の累積分布の微分 [16] を考えると，次数順が古株ノードの挿入時刻順に置き換わり，$k_i(t) < k$ に対応した挿入時刻 $\frac{k_i^2}{k^2}t$ から t の間の若いノードが $N_0 + t$ 個中で結合先に選ばれることより，

$$P(k_i(t) < k) = P\left(t_i > \left(\frac{k_i}{k}\right)^2 t\right) = \left(1 - \frac{k_i^2}{k^2}\right)\frac{t}{N_0 + t},$$

$$p(k) = \frac{\partial P(k_i(t) < k)}{\partial k} \sim k^{-3},$$

と，べき乗分布が導かれる．N_0 はネットワーク成長の種となる時刻 0 の初期ノード数である．一方，一様ランダム結合 (attach) の場合は，時刻 $t - 1$ に存在する $N_0 + t - 1$ 個のノードから結合先ノードをランダム選択することを m 回繰り返すことから，

$$\frac{dk_i}{dt} = \frac{m}{N_0 + t - 1},$$

が導かれ，これを解くと，

$$k_i(t) = m\log\left(\frac{N_0 + t - 1}{N_0 + t_i - 1}\right) + m \approx m\log(t),$$

となる．したがって，先と同様に以下の指数分布が導かれる．

$$P(k_i(t) < k) \approx P\left(t_i > \frac{e^{k_i/m}}{e^{k/m}}t\right) = \left(1 - \frac{e^{k_i/m}}{e^{k/m}}\right)\frac{t}{N_0 + t},$$

$$p(k) = \frac{\partial P(k_i(t) < k)}{\partial k} \sim e^{-k/m}.$$

より一般に，時刻 t_i に挿入された（その挿入時刻順に ID を番号付けされた）各ノード i の次数の平均的な時間変化 $k_i(t)$ が同型の単調増加関数ならば逆関数が存在して，さらに，十分大きな時刻 $t \gg 1$ で古株ノードほど次数が大きくなる交差しない平行曲線

$$k_0(t) \gtrsim k_1(t) \gtrsim \ldots \gtrsim k_i(t) \gtrsim \ldots \gtrsim k_j(t) \gtrsim \ldots k_n(t),$$

$$0 = t_0 < t_1 < \ldots < t_i < \ldots < t_j < \ldots < t_n = t,$$

となれば，BA モデルにおける上記の次数分布の解析は以下のように拡張できる [47]．

---

[16] 次数の累積分布の微分は，累積が積分に相当して，それを微分して平滑化した量を求めていることから，ある種の平均場近似と言える．

しかも，個々のネットワークについてではなく，アンサンブル平均として上記の条件を満たせば良い．ゆえに，ネットワークモデルのみならず，平均化のための時間間隔やサンプルの取り方をうまく選べば，ノードやリンクの消滅や既存ノード間のリワイヤが少なく支配的でない SNS などに関する現実の成長するネットワークなど，かなり広いクラスのネットワークに対する（ある瞬間のデータだけでない）数値解析として適用できる．

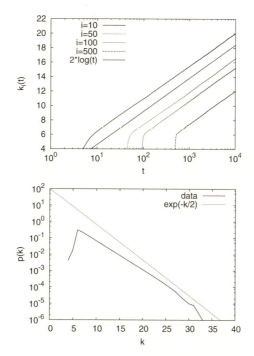

図 4.11　$N = 10000$，$\mu = 2$ における次数分布の裾野部分の推定

すなわち，単調増加関数 $k = g(t)$ とその逆関数 $t = h(k) \stackrel{\text{def}}{=} g^{-1}(k)$ から，

$$P(k_i(t) < k) = P\left(t_i > \frac{h(k_i)}{h(k)}t\right) = \left(1 - \frac{h(k_i)}{h(k)}\right)\frac{t}{N_0 + t},$$

となり，$t \to \infty$ の漸近的特性として十分大きなサイズにおける次数の裾野部分が，k による導関数 $h'(k)$ を用いて，

$$p(k) = \frac{\partial P(k_i(t) < k)}{\partial k} \sim \frac{h'(k)}{h(k)^2}, \qquad (4.11)$$

と推定される [47]．この推定法はこれまで解析が困難だった次数相関を伴う場合など

170　第 4 章　インフルエンサーの抽出や最適な攻撃耐性に関する進展

複雑な成長過程に適用できる．例えば前項で述べた K_5 を初期構成として $m = 4$ で成長させた玉葱状ネットワークでは，図 4.11 上のように横軸のみ対数尺度とした片対数グラフの直線部分から，$k_i(t) \sim \frac{m}{2} \log(t)$, $i = t+5$, が数値的に得られ，次数 k が比較的大きい裾野部分で指数分布 $p(k) \sim e^{-k/2}$ が推定され [15]，ペアの片方のランダム結合が裾野に支配的なことが分かる．また，指数分布であれば，$\frac{1}{N} = \int_{k_{max}}^{\infty} p(k)dk$ から（せいぜいノード 1 個程度の存在の）最大次数は $k_{max} = O(\log N)$ となり極端に大きなハブはできず，この意味からも攻撃耐性が高くなると言える．

4.6 道具箱としての4章のまとめ

　ネットワークからインフルエンサーやFVS，あるいは最適な結合耐性を持つ構造を見つけることは，新たなビジネス機会を促し得る幅広い適用可能性と科学的に裏付けされた高度な手法として近年注目を集めている．それらはいずれも（多項式時間では厳密解が計算できない）NP困難な問題に属するが，ある種の機械学習的なメッセージ伝搬に基づく強力な近似アルゴリズムがネットワーク科学と密接に関わりながら次々と開発されている．本章で解説したそれらについて以下に整理する．

- SNSなどにおけるネットワーク型の関係性データからインフルエンサーを抽出できる，情報拡散力としての指標 CI_l, CI_p, $CI\text{-}TM_L$ とそれらの計算法：式 (4.2)(4.3)(4.5).

- 深層学習，GA，BP法，統計物理手法による最適化問題の近似解法，非負値行列/テンソルの因子分析，GoogleのPageRank中心性など，現状で筋の良い機械学習的なアルゴリズムは全てメッセージ伝搬法．

- 多項式時間では厳密解は求められないNP困難なFVS問題の近似解法として，分散処理にも適した式 (4.6)(4.7)(4.8) のメッセージ伝搬の反復による効率的なBP法．

- 攻撃に対して最適な頑健性を持つ玉葱状構造を創発する，無理のない範囲限定の仲介に基づく自己組織化による逐次成長法．連結性を維持できないと，拡散は限定されることとも密接に関連．
  ⇒ ネットワークの成長に伴って絡まったループを増強することで，FVSのサイズ自体を大きくし，頑健性を向上させる．

- 上記の玉葱状構造に存在する多数のループが適応的な迂回経路となってダメージを吸収して，カスケード故障の広がりを抑制できるレジリエンスの実現にも役立つ．

- BAモデルにおける解析法の拡張として，より一般的なモデルや関係性データに広く適用できる数値的推定法．
  ⇒ 次数の平均的な時間変化が単調増加で，古株ほど次数が大きくなる平行曲線が数値的に得られるとき，その成長過程で永続する次数分布 $p(k)$ の裾野部分を推定可：式 (4.11).

コラム4：Google の PagaRank の技術面での先進性

案外知られていないと思われる，PagaRank 計算の先進性を手短に述べる．PageRank では，参照リンクが入る方と出る方で

入： 多くから参照される頁の価値はそれらの和として高くなる
入： ランク値が高い頁からの数少ない貴重なリンクの価値は高い
出： 多くを参照するリンクの価値は分配される

として頁の価値を考えた．これらは乱歩（ランダムウォーク）による頁 v の滞在確率，

$$r_v \leftarrow d \sum_{v' \in \partial v} \frac{r_{v'}}{k_{v'}^{out}} + \frac{1-d}{N},$$

で表現される．上記右辺第 1 項は WWW 上の乱歩による次数分の分配と参照リンクによる和，第 2 項は（3.2 節で述べたワープ的な）ランダムサーフに相当して $\times 1 = \sum_u r_u$ が隠れていると考えれば，これらを合わせた確率行列の固有値問題に，頁の価値計算は理論的に帰着する．上記の定式化を踏まえて，PagaRank の技術面での先進性を以下にまとめる．

- 当時は誰も重視しなかったリンク構造に着目．直感的に妥当そうな上記の入や出だけでなく，乱歩によるマルコフ連鎖の定常分布である確率行列の最大固有値 1 に対する優固有ベクトルの各要素値を頁の価値：ランク値とする理論的裏付け．
- リンクの方向性で行き止まりが発生し得る WWW 上の乱歩に，少量の割合 $1 - d = 0.25$ 程度のランダムサーフによるジャンプを加えることで既約行列にして，リンク構造を主体としたランク値と計算の収束性のトレードオフを両立 [27].
- 数十年の研究歴がある（行列は変化しないのが前提の）大規模行列の固有値問題の数値解法 [17] をあえて適用せず，日々更新される WWW では厳密解は不要な一方でスケーラビリティが求められることから，割り算と足し算のみに基づくメッセージ伝搬による彼らの得意な分散処理を考え，創業時のガレージ企業に適した大量の廉価 PC で実装 [18].

---

[17] 同時反復法，QR 法，Arnoldi 法，Lanczos 法，Jacobi 法など [5].
[18] この分散処理は，後にミドルウエア MapReduce 等の開発に発展する．
https://enterprisezine.jp/dbonline/detail/4254

参考文献

[1] Weigend, A. Data for the people -How to make our post-privacy and economy work for you-, Basic Books, 2017. 土方奈美 訳. 『アマゾノミクス -データ・サイエンティストはこう考える -』, 第 3 章 そのつながりが経済を動かす, pp.109–164, 文藝春秋, 2017.

[2] Schaefer, M. Return on Influence: The Revolutionary Power of Klout, Social Scoring, and Influence Marketing, McGraw-Hill Education, 2012. 中里京子 訳. 『個人インフルエンサーの影響力 -クラウト, ソーシャルスコアがもたらす革命的マーケティング-』, 日本経済新聞出版社, 2012.

[3] Morone, F., and Makse, H.A. Influence maximization in complex networks through optimal percolation, *Nature*, 524, 65–68 (2015). Supplementary Information http://www.nature.com/nature/journal/v524/n7563/extref/nature14604-s1.pdf

[4] Hashimoto, K. Zeta functions of finite graphs and representations of p-adic groups, *Advanced Studies in Pure Mathematics*, 15, 211–280 (1989).

[5] 森正武, 杉原正顕, 室田一雄.『線形計算』, 岩波講座 応用数学 [方法 2] 岩波書店, 1994.

[6] Bordenave, C., Lelarge, M., and Massoulié, L. Nonbacktracking spectrum of random graphs: Community detection and nonregular Ramanujan graphs, *Ann. Probab.*, 46(1), 1–71 (2018).

[7] Lin, Y., and Zhang, Z. Non-Backtracking Centrelity Based Random Walk on Networks, *The Computer Journal*, Oxford University Press, (2018). https://academic.oup.com/comjnl/advance-article-abstract/doi/10.1093/comjnl/bxy028/4953375

[8] Martin. T., Zhang, X., and Newman, M.E.J. Localization and centrality in networks, *Phys. Rev. E*, 90, 052808 (2014).

[9] Morone, F. Min, B., Mari, R., and Makse, H.A. Collective Influence Algorithm to find influencers via optimal percolation in massively large social media, *Scientific Reports*, 6, 30062 (2016).

[10] Pei, S., Teng, X., Shaman, J.,1 Morone, F., and Makse, H.A. Efficient collective influence maximization in cascading processes with first-order transitions, *Scientific Reports*, 7, 45240 (2017).

[11] Kempe, D., Kleinberg, J., and Tardos, É. Maximizing the Spread of Influence through a Social Network, *Proc. of SIGKDD*, pp.137–146 (2003).

[12] Banerjee, S., Jenamani, M., and Pratihar, D.K. A Survey on Influence Maximization in a Social Networks, *arXiv*:1808.05502 (2018).

参考文献

[13] 大原剛二，斎藤和巳，木村昌弘，元田浩．情報拡散モデルに基づく社会ネットワーク上の影響度分析，オペレーションズリサーチ 60(8), pp.449–455 (2015).

[14] 茨木俊秀．NP 困難性の 35 年：その誕生，応用数理 17(1), 応用数理の遊歩道 (48), 73–76 (2007).

[15] Hayashi, Y. A new design principle of robust onion-like networks self-organized in growth. *Network Science*, 6(1), 54–70 (2018).

[16] Rumelhart, D.E., Hinton, G.E., and Williams, R.J. Learning representations by back-propagating errors, *Nature*, 323, 533–536 (1986).

[17] 伊庭幸人，種村正美，大森裕浩，和合肇，佐藤正尚，高橋明彦．『計算統計 II -マルコフ連鎖モンテカルロ法とその周辺-』，岩波書店，2005.

[18] 鈴木譲，植野真臣 編著；黒木学 他著．『確率的グラフィカルモデル』，共立出版，2016.

[19] Yedidia, J.S., Freeman, W.T., and Weiss, Y. Generalized Belief Propagation, *Advances in NIPS*, 13, 689–695 (2001).

[20] 高邉賢史．最適化問題に対する近似アルゴリズムの典型性能に関する統計力学的解析，東京大学大学院総合文化研究科 博士論文，(2017).

[21] Zhou, H.-J. Spin glass approach to the feedback vertex set problem, *Eur. Phys. J.B*, 86:455 (2013).

[22] Braunstein, A., Dall' Asta, L., Semerjiand, G., and Zdeborová, L. Network dismantling. *Proc. Natl. Acad. Sci.(USA)*, 113(44), 12368–12373 (2016).

[23] Cichocki, A., Zdunek, R., Phan, A.H., and Amari, S. Nonnegative matrix and tensor factrizations: applications to exploratory multi-way data analysis and blind source separation, John Wiley, 2009.

[24] 亀岡弘和．非負値行列因子分解とその音響信号処理応用, 電子情報通信学会技術報告, 112(347), EA2012-118, pp. 53–58 (2012).

[25] 辛島匡宏，松林達史，澤田 宏．複合データ分析技術と NTF［I］-複合データ分析技術とその発展-，電子情報通信学会誌，99(6), 543–550 (2016).

[26] 松林達史，辛島匡宏，澤田 宏．複合データ分析技術と NTF［II·完］-テンソルデータの因子分解技術と実応用例-，電子情報通信学会誌，99(7), 691–698 (2016).

[27] Langville, A.N., and Meyer, C.D. Google's PageRank and Beyond, Princeton University Press, 2006. 岩野和生，黒川利明，黒川洋 訳．『Google PageRank の数理 -最強検索エンジンのランキング手法を求めて-』共立出版，2009.

[28] *Communications of the ACM - Special issue on information filtering*, 35(12), (1992). https://dl.acm.org/citation.cfm?id=138859

[29] 小田垣孝．『パーコレーションの科学』，裳華房，1993.

[30] Albert, R., Jeong, H., and Barabási, A.-L. Error and attack tolerance of complex networks, *Nature*, 406, 378–382 (2000).

[31] Collaway, D.S., Newman, M.E.J., Havlin, S.H., and Watts, D.J. Network Robustness and Fragility: Percolation on Random Graphs, *Phy. Rev. Lett.* 85(25), 5468–5471 (2000).

[32] Amaral, L.A.N., Barthélémy, A.S.M., and Stanley, H.E. Classes of small-world networks, *Proc. Natl. Acad. Sci.(USA)*, 97(21), 11149–11152 (2000).

[33] Albert, R., and Barabási, A.-L. Emergence of Scaling in Random Networks,

Science, 286, 509–512 (1999).

[34] Albert, R., and Barabási, A.-L. Statistical Mechanics of Complex Networks, *Rev. Med. Phys.*, 74, 47–97 (2002).

[35] Karp, R.M. Reducibility among combinatorial problems, In Complexity of Computer Communications, E.Miller et al.(eds), pp.85–103, NY Plenum Press, 1972.

[36] Mugisha, S., and Zhou, H.-J. Identifying optimal targets of network attack by belief propagation, *Phy. Rev. E*, 94, 012305 (2016).

[37] Tanizawa, T., Havlin, S., and Stanley, H.E. Robustness of onion-like correlated networks against targeted attacks, *Phys. Rev. E*, 85, 046109 (2012).

[38] Schneider, C.M., Moreira, A.A., Andrade Jr. J.S., Havlin, S., and Herrmann, H.J. Mitigation of malicious attacks on networks, *Proc. Natl. Acad. Sci.(USA)*, 108, 3838–3841 (2011).

[39] Wu, Z.-X., and Holme, P. Onion structure and network robustness, *Phys. Rev. E*, 84, 026106 (2011).

[40] Sampaio Filho, C.I.N., Moreira, A.A., Andrade, R.S.F., Herrmann, H.J., and Andrade, J.S.Jr. Mandara networks: ultra-small-world and highly sparse graphs, *Scientific Reports*, 5, 9082 (2015).

[41] Hayashi, Y., and Uchiyama, N. Onion-like networks are both robust and resilient, *Scientific Reports*, 8, 11241 (2018).

[42] Hayashi, Y. Spatially self-organized resilient networks by a distributed cooperative mechanism, *Physica A*, 457, 255–269 (2016).

[43] Hayashi, Y. Growing Self-organized Design of Efficient and Robust Complex Networks, *IEEE Xplore Dig. Lib. SASO 2014*, doi:10.1109/SASO.2014.17, 50–59 (2014).

[44] 林幸雄. 『自己組織化する複雑ネットワーク -空間上の次世代ネットワークデザイン-』, 第5章 コピーして成長していく自己組織化, 近代科学社, 2014.

[45] Barabási, A.-L., Albert, R., and Jeong, H. Mean-field theory for scale-free random networks, *Physica A*, 272, 173–187 (1999).

[46] 西口敏宏. 『遠距離交際と近所づきあい -成功する組織のネットワーク戦略-』, NTT 出版, 2007.

[47] Hayashi, Y. Asymptotic behavior of the node degrees in the ensemble average of adjacency matrix, *Network Science*, 4(3), 385–399 (2016).

[48] Newman, M.E.J. Assortative Mixing in Networks, *Phy. Rev. Lett.*, 89, 208701 (2003).

[49] Newman, M.E.J. Networks -An Introduction-, Oxford University Press, 2010.

[50] Lee, D., Cho, W., Kertész, Y., and Kahng, B. Universal mechanism for hybrid percolation transitions, *Scientificx Reports*, 7, 5723, 1–7 (2017).

[51] Freeman, L.C., Borgatti, S.P., and White, D.R. Centrality in valued graphs: A measure of betweenness based on network flow, *Social Networks*, 13(2), 141–154 1991.

[52] 金光淳. 『社会ネットワーク分析の基礎 -社会的関係資本論にむけて-』, 勁草書房, 2003.

[53] Cohen, R., Havlin, S., and Ben-Avraham, D. Efficient immunization Strategies

for Complex Networks and Populations, *Phy. Rev. E*, 91(24), 247901 (2003).

[54] Ventresca, M., Aleman, D., and Mieghem, P.V. Network robustness versus multi-strategy seqential attack, *Journal of Complex Networks*, 3, 126–146 (2015).

[55] Zdeborová, L., Zhang, P., and Zhou, H.-J. Fast and simple decycling and dismantling of networks, *Scientific Reports*, 6, 37954 (2016).

[56] Sole, R.V., Pastor-Satorras, R., Smith, E., and Kepler, T.B. A MODEL OF LARGE-SCALE PROTEOME EVOLUTION, *Adv. Complex Syst.*, 5(1), 43–54 (2002).

[57] Pastor-Satorras, R., Smith, E., and Sole, R.V. Evolving protein interaction networks through gene duplication, *J. Theoret. Biol.*, 222(2), 199–210 (2003).

[58] Motter, A.E. Cascade Control and Defense in Complex Networks. *Phys. Rev. Lett.*, 93, 098701 (2004).

[59] Motter, A.E., and Yang, Y. The Unfolding and Control of Network Cascades, *Physics Today*, 70(1), doi:10.1063/PT.3.3426 (2017). 林幸雄 訳, ネットワークの連鎖の解きほぐしと制御, 丸善出版, パリティ 33(10), 42–51, (2018).

[60] Zolli, A., and Healy, A.M. Resilience -Why Things Bounce Back-, Business Plus, 2013. 須川綾子 訳. 『レジリエンス 復活力-あらゆるシステムの破綻と回復を分けるものは何か-』, ダイヤモンド社, 2014.

[61] Hollnagel, E. Safety-I & Safty-II -The Past and Future Safety Manegement-, CRC Press, 2014.

[62] Folke, C. Resilience The emergence of a perspective for social-ecological systems analyses, *Global Environmental Change*, 16, 253–267 (2006).

索　引

A

add_edge (graph-tool)　30
add_subplot (Matplotlib)　18
add_vertex (graph-tool)　30
AIC（赤池情報量基準）　19
Albert, Jeong, and Barabási　37
Anaconda　4
apt　28
AR(3) モデル　19
arange (NumPy)　24
Arch GNU/Linux　28
ARMA (StatsModels)　19
ARMA モデル　17, 19
around (NumPy)　23
AR モデル　20
assortative　42
Assortativity　161

B

Bayes 推定　109
Bayes 定式化　109
Bayes の定理　114, 125, 131
BA モデル　158, 161, 166, 167, 171
BIC（Bayes 情報量基準）　19
Boost　27
Boost Python　29
BP 攻撃　157, 161, 163, 165
BP 法　156, 171

C

cairomm　29
Cavity 法　152, 154
CGAL　27
choice (numpy.random)　33
CI propagatio　150
circular_graph (graph-tool)　32, 33
Collective Influence(CI)　145

D

D'Agostino-Pearson の正規性検定　20
dangling ノード　107
dates_from_range (StatsModels)　17
DebtRank　66, 67, 69, 82, 84
Decycling 問題　153
describe (pandas)　16
Dirichlet 分布　110, 123
Dirichlet 分布の平均と分散　111
disassortative　42
Dismantling 問題　153
Docker　28
draw (NetworkX)　22
dropba (pandas)　14
Duplication-Divergence(D-D) モデル
　166
Durbin-Watson 比　20
durbin_watson (StatsModels)　20

E

E-step　127
Economic Complexity Index, ECI
　74
edge_percolation (graph-tool)　40
edges (graph-tool)　33
EM アルゴリズム　126
Erdös-Rényi ネットワーク　35
expat　27, 29

A (column 1 continued) / complete

complete_graph (graph-tool)　32
convex　101
copy (NetworkX)　23
CoreHD　165
cProfile（モジュール）　53
Cython（モジュール）　54
Cytoscape　88

F

Feedback Vertex Set(FVS) 153, 156, 165, 171
figure (Matplotlib) 18
fit (StatsModels) 19

G

gc_perc_2d 24
Gephi 88
Giant Component (GC) 39
global_clustering (graph-tool) 35
Graph (graph-tool) 30
graph-tool 26
graph_draw (graph-tool) 30, 31
grid (Matplotlib) 12
grid_2d_graph (NetworkX) 22

H

Hannan-Quinn 情報量基準 19
head (pandas) 14, 15
Homebrew 28

I

iloc (pandas) 15
Index (pandas) 17
Infectious 48
information criterion 19
IPython 6

J

Jensen の不等式 101, 126
jit (Numba) 58
Jupyter 5
JupyterLab 6
Jupyter ノートブック 5

K

$k + 1$-core 138
k-core 165
Kullback-Leibler 情報量 101

L

Lagrange 未定乗数 111, 127
lattice (graph-tool) 31

legend (Matplotlib) 37
LLVM 57
load_pandas (StatsModels) 17
loglog (Matplotlib) 39
logspace (NumPy) 35
Louvain 法 118
Lyapnov 関数 101

M

M-step 127
MacPorts 28
Matplotlib 10
mean (NumPy) 35

N

n_iter (graph-tool) 43
NB 中心性 148
ndarray 8–10
Nestedness 70, 71, 73, 76, 84, 86
netscience データセット 47
NetworkX 22
new_vertex_property (graph-tool) 48
node_prec_2d 23
nodes (NetworkX) 22
Non-backtracking(NB) 行列 147
normaltest (StatsModels) 20
NOTE (StatsModels) 17
NP 困難 151, 152, 154, 171
Numba (モジュール) 57
Numpy 6

O

onion structure 42
OpenMP 27
order (NetworkX) 23
out_neighbors (graph-tool) 49

P

PageRank 66, 84, 145, 152, 171, 172
PageRank アルゴリズム 106
pandas 13
params (StatsModels) 19
partition 117, 131
pip 4

plot (Matplotlib)　12
plot (pandas)　17
plot (StatsModels)　18
plot_acf (Matplotlib)　18
plot_pacf (Matplotlib)　18
probabilistic-configuration
　(graph-tool)　43
Product Space　78, 80, 82, 85
Property (graph-tool)　48
pycairo　29

Q

qqplot (StatsModels)　20
quad（SciPy 関数）　9

R

randint (numpy.random)　49
random (NumPy)　33
random (numpy.random)　49
Random failure　40
random（モジュール）　23
random_graph (graph-tool)　39
read_csv (pandas)　14
Recovered　48
Relatedness　78, 79, 84
remove_nodes_from (NetworkX)　23
rename (pandas)　15
resid (StatsModels)　20

S

sample (random)　23
scalar_assortativity (graph-tool)　43
scale-free network　37
Scale-Free 性　62
Scale-Free(SF) ネットワーク　37,
　153, 157, 161, 166, 167
SciPy　9
semilogx (Matplotlib)　37
sfdp_layout (graph-tool)　31
shortest_distance (graph-tool)　35
show (Matplotlib)　12
shuffle (numpy.random)　49
SIR モデル　47, 151
Small-World(SW) 性　63, 166
source (graph-tool)　33

sparsehash　29
StatsModels　17
subplot (Matplotlib)　12
Susceptible　48

T

target (graph-tool)　33
Targeted attack　40
Tiago P. Peixoto　26
timeit　8
timeit（モジュール）　51
title (Matplotlib)　12

U

update_state　49

V

vertex_hist (graph-tool)　39
vertex_percolation (graph-tool)　40

W

Watts and Strogatz　33
Watts-Strogatz モデル　33
WWW(World Wide Web)　152

X

xlabel (Matplotlib)　12
xlim (Matplotlib)　39

Y

ylabel (Matplotlib)　12
ylim (Matplotlib)　39
yum　28

ア

赤池情報量基準　19
アキレスの踵　37
アルゴリズム　156, 158
依存度　83, 84
一様ランダム結合　168
インフォマップ　120
インフルエンサー　144, 146, 150–152,
　171
インフルエンサーマーケティング　144

180　索引

迂回経路　166, 171
エコシステム　73, 84, 86
遠距離交際　158
オープンデータ　88

カ

解像度　120, 122, 134
解像度問題　135
回復状態　48
学際性　62
確率的機械学習　111, 123
確率的ブロックモデル　135
確率伝搬法 (BP: Belief Propagation)　152
確率保存　98
可視化　88
カスケード故障　166, 171
過負荷故障　166
空手クラブ　131
関係性データ　152, 171
頑健性指標　161
感染可能状態　48
感染状態　48
感染症伝搬　47
観測データ　124
機械学習的なアルゴリズム　152, 171
規格化定数　111
既約　100
既約行列　172
共役　114, 124
金融ネットワーク　66, 67, 69, 81
口コミの影響力　144, 145
組合わせ最適化問題　152
クラスター係数　35
経済複雑性指標, ECI　74, 76, 77
結合耐性　148, 153
顕示的比較優位指数, RCA　75
攻撃耐性　154, 164, 170
交差交換（スワップ）　157
コミュニティ　94, 115
コミュニティ抽出　95, 148
コミュニティ分解の解像度　120, 122, 134
混合分布　123

サ

最大連結成分 (GC: Giant Component)　39, 153, 163
最適強化　154
最適な結合耐性　157, 158, 171
サイトパーコレーション（二次元格子）　22
最頻値　111
サプライチェーン　64, 81, 159
サプライネットワーク　81, 84
三部グラフ　105
ジェネラリスト　72, 74
閾値モデル　65
時系列データ解析　17
自己相関係数　18
自己組織化　160, 161, 166, 167, 171
事後分布　109, 125
次数　104, 138
（最大次数の再計算を伴う）次数順攻撃　161, 163
次数相関　42, 157, 159, 161
次数相関係数　42
指数分布　168, 170
次数分布　167, 168, 171
システミック・リスク　64, 66, 81
事前分布　109, 123
下に凸　101
自発的感染確率　48
社会情報カスケードモデル　65, 69
シャノンの情報源符号化定理　121
集中パラメータ　111
周辺化　126
重要度　66, 83, 84
主要統計量　16
順位付け　106
情報エントロピー　121
情報拡散モデル　151
情報カスケード　65
情報量基準　19
除去率の臨界値　153
シンプレックス　109
親和的次数相関　42
数値積分 (SciPy)　10
数値的推定法　167, 171
スケール　135
スペクトル法　148

索引　181

スペシャリスト　72, 74
脆弱さを増幅する要因　167
生態系　70, 72–74, 88
セルアセンブリ　94
遷移確率　96
線形閾値 (LT: Linear Threshold) モデル　150
潜在変数　123, 124
潜在変数の方法　123
選択的ノード除去　40
創発　64, 72
ソーシャルスコアリング　145

タ

太陽黒点数　17
多項分布　110, 114, 124
種ノード　108
多部グラフ　105
玉葱状構造　42, 157, 158, 167, 171
玉葱状ネットワーク　163, 165, 166, 170
多様性　72, 84, 86
多様度　73, 74, 76, 77, 79, 82, 84
単調増加関　168
知人の免疫化　164, 166
仲介　160, 166, 167, 171
中心性　66, 67
中心性指標　152
治癒確率　48
頂点　95
定常解　100
定常状態　100
データフレーム (pandas)　14
適応力　166
テレポーテーション　107
伝播　65–69
電力崩壊　166
独立カスケード (IC: Independent Cascade) モデル　151
独立同分布　114, 124

ナ

ナルネットワーク　118, 119, 138
二部グラフ　72, 104
ノード　95

ノード間結合確率　42
ノード攻撃　151, 164
ノーフリーランチ定理　134

ハ

パーコレーション閾値　26
パーコレーション問題　39, 153
パーソナライズド PageRank アルゴリズム　108, 109, 115, 128
排他的次数相関　42
ハブ攻撃 (Targeted attack)　153, 157
複雑系　94
複雑適応系　64, 65, 81
複雑ネットワーク科学　95
フレネルの sin 積分　10
分割　117, 131
分散処理　172
平行曲線　168
ベイズ情報量基準　19
べき指数　38
べき乗則の次数分布　37
べき乗分布　168
べき乗法　147, 149
ベクトル　6
辺　95
偏在性　70, 73, 74
遍在的コミュニティ　130
遍在度　73, 74, 76, 77, 82, 84
偏自己相関係数　18

マ

マスター方程式　98
マップ方程式　120
マルコフ連鎖　102, 122, 172
マルコフ連鎖の確率的一般化　124
無向グラフ　103
無向リンク　96
メッセージ伝搬　152, 156, 171
メッセージ伝搬式　149, 150
免疫消失確率　48
モジュール　6
モジュールのインポート　6
モジュラリティ　117
モジュラリティ最大　117

ヤ

有向リンク 96
優先選択原理 62
優先的選択 167
尤度関数 114, 124

ラ

ラグ 18
ラグランジュ未定乗数 111
ランダムウォーク 95, 96
ランダムウォークの滞留としてのコミュ
ニティ 116
ランダムサーフ 172
ランダムなノード除去 (Random
failure) 40
乱歩 (ランダムウォーク) 172
ループ無グラフ 153
リスト 6
リッチクラブ 138
リッチクラブ係数 138
リワイヤ 164
リワイヤ法 158, 159
リンク 95
隣接行列 96
ループ 148, 157, 159, 163, 165–167,
171
レジリエンス 81, 82, 166, 171
連結性 100, 107

ワ

ワープ 107, 108

著者紹介

林　幸雄（はやし　ゆきお）　はじめに，第4章 担当
1987年　豊橋技術科学大学大学院　電気電子工学専攻修士課程修了
　　　　富士ゼロックス（株）システム技術研究所
1991年　国際電気通信基礎技術研究所
　　　　ATR視聴聴覚機構研究所　人間情報通信研究所（出向）
1995年　博士（工学）　京都大学
1997年　北陸先端科学技術大学院大学　知識科学研究科　助教授
2003年　文部科学省　研究振興局学術調査官（併任）
2008年　科学技術振興機構　さきがけ「知の創生と情報社会」領域アドバイザー（併任）
現　在　北陸先端科学技術大学院大学　先端科学技術研究科/融合科学共同専攻　教授
著　書　「自己組織化する複雑ネットワーク（近代科学社）」，「情報ネットワーク科学入
　　　　門（コロナ社）共著」，「ネットワーク科学の道具箱（近代科学社）共著」，「噂
　　　　の拡がり方（化学同人）」．

谷澤　俊弘（たにざわ　としひろ）　第1章 担当
1995年　京都大学大学院博士後期課程満期退学
1998年　博士（理学）
1998年　高知工業高等専門学校電気工学科講師
2000年　高知工業高等専門学校電気工学科助教授
2003年　米ボストン大学高分子研究所客員研究員
2012年　高知工業高等専門学校電気工学科教授
現　在　高知工業高等専門学校ソーシャルデザイン工学科教授
統計物理学を基礎とするネットワーク理論の研究に従事．
著　書　「ネットワーク科学（共立出版）共訳」．

鬼頭　朋見（きとう　ともみ）　第2章 担当
2005年　日本学術振興会特別研究員DC2
2007年　東京大学大学院工学系研究科博士後期課程修了，博士（工学）
2007年　Visiting Fellow, Department of Mechanical Engineering, University of
　　　　Bath, UK
2008年　東京大学人工物研究センター特任助教
2008年　Research Fellow, Saïd Business School, University of Oxford, UK
2012年　東京大学工学部助教
2013年　Senior Research Fellow, Saïd Business School, University of Oxford, UK
2015年　筑波大学システム情報系助教
2018年　早稲田大学創造理工学部准教授
サプライチェーンや企業戦略等に関する工学的研究に従事．

岡本　洋（おかもと　ひろし）　第3章 担当
1991年　早稲田大学大学院理工学研究科博士後期課程修了，博士（理学）
1991年　富士ゼロックス株式会社勤務，研究主査（退職時）
2018年　ドワンゴ人工知能研究所シニアリサーチャー
2019年　東京大学大学院工学系研究科バイオエンジニアリング専攻，特任研究員
複雑ネットワーク科学，確率的機械学習および計算論的神経科学の研究に従事．

ネットワーク科学の道具箱Ⅱ

Pythonと複雑ネットワーク分析
関係性データからのアプローチ

© 2019 Yukio Hayashi, Toshihiro Tanizawa,
Tomomi Kito, Hiroshi Okamoto
Printed in Japan

2019 年 10 月 31 日　初版第 1 刷発行

編著者	林		幸	雄
共著者	谷	澤	俊	弘
	鬼	頭	朋	見
	岡	本		洋
発行者	井	芹	昌	信
発行所	株式会社	近代科学社		

〒 162-0843　東京都新宿区市谷田町 2-7-15
電話 03-3260-6161　振替 00160-5-7625
https://www.kindaikagaku.co.jp

藤原印刷　　　　　　　　ISBN978-4-7649-0602-0
定価はカバーに表示してあります.